Gisela Lück

Was Schweizer Käse mit Metallen zu tun hat

Gisela Lück

Was Schweizer Käse
mit Metallen zu tun hat

Chemie für Einsteiger

HERDER

FREIBURG · BASEL · WIEN

© Verlag Herder GmbH, Freiburg im Breisgau 2008
Alle Rechte vorbehalten
www.herder.de

Umschlagkonzeption und -gestaltung:
Groothuis, Lohfert, Consorten | glcons.de
Umschlagmotiv: Anna Zimmermann

Illustrationen: Gudrun Bülter, Heike Friedel
Satz: Dtp-Satzservice Peter Huber, Freiburg
Herstellung: fgb · freiburger graphische betriebe
www.fgb.de

Gedruckt auf umweltfreundlichem,
chlorfrei gebleichtem Papier
Printed in Germany

ISBN 978-3-451-29724-3

Für meine Schwester Ursula,
die selbst einem Wesir einen guten Rat geben kann…

Inhalt

Vorwort

In meiner Familie bin ich weit und breit die einzige, die sich schon früh für das Fach Chemie interessiert hat. Vor allem für meine beiden Geschwister war Chemie – insbesondere als Unterrichtsfach – eher ein Gräuel. Als ich meine Schwester vor einigen Jahren einmal beiläufig fragte, was denn so von Chemie hängengeblieben sei, erwiderte sie nach längerem Nachdenken: „Das mit dem Lackmus. Irgendwie färbt es sich in Laugen blau."

Kein Wunder, dass meine Schwester bei solchen Inhalten irgendwann einmal das Interesse an Chemie verloren hatte. Was soll man mit dem Farbumschlag von Lackmus im alltäglichen Leben anfangen? Wann benötigt man schon die Kenntnis darüber, ob eine Substanz eine Säure oder eine Lauge ist? Das Gleiche gilt für die Fertigkeit, Oxidationszahlen bestimmen zu können, Reaktionsgleichungen zu verstehen oder Formeln auswendig zu kennen. Für das eigene Leben und den Alltag ist kein Bezug erkennbar. Folgerichtig gilt Chemie oft genug als theorielastig, langweilig und uninteressant.

Heute bedauern meine Geschwister hin und wieder, dass der ‚Zug' Chemie für sie so früh abgefahren ist. Kaum eine Nachrichtensendung vergeht, zu deren Verständnis nicht auch chemische Grundkenntnisse hilfreich wären: Was hat Kohlenstoffdioxid mit dem Treibhauseffekt zu tun? Wie kann es sein, dass trotz hoher Ozonwerte zugleich ein Ozonloch unseren Planeten bedroht – und was ist überhaupt Ozon? Was ist eigentlich Atommüll und warum sind Alpha-Strahlen gefährlich, wenn sie in den Körper gelangen? Ob wenigstens die Nachrichtensprecher, die solche Meldungen verlesen, die Zusammenhänge verstehen? Die meisten Zuhörer werden ihnen bei diesen Themen sicherlich nicht immer ausreichend folgen können!

Durch meine Begeisterung für Chemie und mein berufliches Anliegen, schon kleinen Kindern naturwissenschaftliche Phänomene näherzubringen, kam bei meinen Geschwistern neues Interesse an der Chemie auf. Vor allem erkannten sie die Bedeutung chemischer Kenntnisse im Beruf, etwa – wie im Falle meines Bruders – um ökonomische Zusammenhänge besser bewerten zu können. Meiner Schwester lag daran, Umweltthemen und gesundheitliche Zusammenhänge besser verstehen zu können.

Darum stellte ich für sie eine Bücherliste mit Literatur für Chemie-Interessierte zusammen, doch trotz einiger Anläufe sank beiden der Mut, weil an vielen Stellen bereits gute Chemiekenntnisse vorausgesetzt wurden.

So kam mir, bedingt durch die Odyssee meiner Geschwister auf der Suche nach Chemiekenntnissen, die Idee, eine leicht verständliche, aber dennoch systematische Chemie-Einführung zu schreiben, die sie in die Lage versetzen sollte, die ersten Grundlagen zu verstehen. Von da aus sollten sie sich selbstständig weiter auf den Weg machen können, um ihre aktuellen Fragen zu lösen.

Meine Vortragstätigkeit macht mir immer wieder deutlich, mit welch großem Interesse vor allem auch Pädagoginnen und Pädagogen, die sich zum Ziel gesetzt hatten, Kindern die Chemie lebendig näherzubringen, sich der Theorie hinter den Phänomenen zuwenden. Angeregt durch die beiden Experimentierbücher „Leichte Experimente für Eltern und Kinder" sowie „Neue leichte Experimente für Eltern und Kinder" haben sich viele zum Ziel gesetzt, ihre „zweite Chance", Chemie und Physik zu verstehen, nun nicht zu verpassen. Nicht selten wurde ich im Anschluss an meinen Vortrag nach „wirklich leicht verständlicher Literatur ohne allzu viel Formeln und Zwang zum Auswendiglernen" gefragt. Dies bestärkte meinen Entschluss, das vorliegende Buch zu schreiben, noch mehr.

Es war mir wichtig, nur die wirklich wesentlichen Grundlagen zu vermitteln und immer wieder den Bezug zum Alltag herzustellen. Formeln sollten nur dort vorkommen, wo sie absolut notwendig sind.

Meine Schwester ging auf einen von mir vorgeschlagenen Deal ein: Während ich Kapitel für Kapitel verfasste, kommentierte sie kritisch meine Ausführungen, fragte nach, wo meine Erklärungen offensichtlich unzureichend waren und strich rigoros jeden Ballast weg.

Das Ergebnis liegt nun vor Ihnen, und ich hoffe, dass auch Sie durch die Lektüre einen Zugang zur Wissenschaft Chemie gewinnen, der Ihren Alltag bereichert und Ihnen zeigt, dass man kein Wissenschaftler sein muss, um chemische Zusammenhänge zu verstehen.

Vielleicht sehen Sie nach der Lektüre manche Naturphänomene mit anderen Augen. Die brennende Kerze wird zum Naturschauspiel. Beim Entspannungsbad freuen Sie sich, dass Wasser weder fest noch gasförmig ist. Ein bunter Teppich regt Sie an, darüber nachzudenken, welchen Beitrag das Licht zu diesem Farbenspiel liefert, und wenn bei Ihrem PC der Lüfter surrt, werden Sie ihm dankbar sein, weil er auf Ihrer Festplatte die Anzahl möglicher Störstellen reduziert.

Ich wünsche Ihnen viele neue Entdeckungen bei der Lektüre und hoffe, dass die Chemie Ihnen ein bisschen näher rückt.

Gisela Lück

Hinweise zum Gebrauch des Buches

Diese Einführung in chemische Zusammenhänge ist systematisch aufgebaut. Deshalb ist es wichtig – ähnlich wie bei einem Krimi – von vorne bis hinten Seite für Seite zu lesen und nicht zwischendrin zu schmökern und Seiten zu überspringen.

Besonders wichtige Aussagen sind in farbig unterlegten Kästen als Merksatz zusammengefasst.

Die grauen Kästen enthalten Aspekte, die nicht unbedingt zum Verständnis des Folgenden erforderlich sind. In ihnen werden vor allem historische Entwicklungen oder aber Nebenaspekte beschrieben.

Auf *kursiv* geschriebene Begriffe geht das Glossar am Ende des Buches näher ein.

Hervorhebungen sind im Text in Farbe dargestellt.

Am Ende des Buches können Sie, wenn Sie möchten, Ihr neu erworbenes Wissen auf die Probe stellen. Im Kapitel „Zu guter Letzt: Was blieb hängen?" sind einige Fragen zusammengestellt, die Sie mit Hilfe der vorliegenden Lektüre beantworten können. Hilfestellungen finden Sie hinter dem Glossar.

Hin und wieder finden Sie am Seitenrand einen Hinweis zu einem Experiment, das Sie mit einfachen Mitteln und ohne viel Aufwand zu Hause durchführen können. Das lohnt sich: Die Experimente machen Ihnen deutlich, wie sehr die theoretischen Hintergründe mit ganz einfachen Alltagsphänomenen in Zusammenhang stehen.

Kerzen sind romantisch –
und der ideale Einstieg in die Welt der Chemie

Wir alle wissen, was im Laufe der Zeit mit einer brennenden Kerze geschieht: Sie wird kleiner und kleiner und ist schließlich **verschwunden** – so drücken wir den Sachverhalt zumindest sprachlich aus. Aber ist die Kerze wirklich weg? Richtig ist, dass das Kerzenwachs für unser Auge nicht mehr sichtbar ist, chemisch gesehen ist es aber nicht „vernichtet" und für immer weg, sondern es hat sich *umgewandelt*.

 Wenden wir uns diesem Sachverhalt im Folgenden etwas genauer zu. Vielleicht ist in Ihrer Nähe gerade ein Teelicht, das Sie anzünden können – dann sind Sie dem chemischen Prozess, der sich beim Brennen einer Kerze abspielt, im wahrsten Sinne des Wortes ‚näher'.

Beim Brennen erzeugt die Kerze Licht und Wärme – das ist schließlich auch der Grund, weshalb wir Kerzen anzünden; demnach verschwindet eine Kerze also nicht „einfach so".

An der Verbrennung einer Kerze ist nicht allein das Kerzenwachs beteiligt, sondern auch die Luft, genauer der Sauerstoff, der zu rund 21 Prozent in der Luft enthalten ist und der die Kerzenflamme umgibt. Entziehen wir der brennenden Kerze den Sauerstoff, dann erlischt sie.

Stülpen wir ein durchsichtiges Glas über ein brennendes Teelicht, so können wir beobachten, wie die Kerzenflamme – je nach Größe des Glases – zunächst noch eine Weile weiterbrennt und schließlich flackert und erlischt. In der Regel ist für uns mit einer solchen Aktion der Vorgang erledigt: „Die Kerze ist aus." Aber gucken wir uns doch einmal genauer an, was sich in einem Glas abspielt, das wir über eine brennende Kerze stülpen: Es qualmt ein wenig, manchmal können wir auch erkennen, dass ein Rußfaden nach oben steigt und beim ganz genauen Hinsehen wird deutlich, dass das Glas von innen beschlägt.

Was wir hier mit dem bloßen Auge erkennen können, ist ein *Umwandlungsprodukt*, das beim Brennen einer Kerze entsteht: Wasser!

Halten wir fest: Aus Kerzenwachs und Sauerstoff entsteht neben Wärme und Licht tatsächlich auch Wasser bzw. Wasserdampf, der an der kalten Glasinnenwand kondensiert.

Es entsteht beim Brennen einer Kerze noch ein weiteres Umwandlungsprodukt: das Gas Kohlenstoffdioxid, das wir allerdings bei unserem Experiment nicht mit dem bloßen Auge identifizieren können, weil es farblos ist.

Vielleicht geht uns nach diesen Überlegungen ein Satz wie „Das Kerzenwachs ist weg", nicht mehr so schnell über die Lippen. Es ist eben nicht verschwunden, sondern hat sich durch eine chemische Reaktion mit Sauerstoff in Licht, Wärme, Wasser und Kohlenstoffdioxid-Gas umgewandelt.

Kerzenwachs ist chemisch ähnlich aufgebaut wie Erdöl – Paraffinkerzen bestehen sogar aus einigen dickflüssigeren Anteilen des Erdöls. Prinzipiell können wir die Umwandlungsreaktion bei einer brennenden Kerze auch auf die chemische Reaktion von Benzin in einem fahrenden Auto übertragen: Das Benzin wird mit dem Sauerstoff der Luft zu Wasser und

Kohlenstoffdioxid verbrannt und anstelle von Wärme und einer Kerzenflamme wird die freiwerdende Energie zur Fortbewegung des Autos verwendet.

Werfen Sie doch beim nächsten Stau oder während einer langen Rotphase an einer Ampel einen Blick auf den Auspuff des vor Ihnen stehenden Autos: Er tropft! Chemisch genauer formuliert tropft Wasser als *Umwandlungsprodukt* der chemischen Reaktion von Benzin mit Sauerstoff aus dem Auspuff. Was sich unserer Beobachtung auch hier entzieht, ist die Entstehung des Gases Kohlenstoffdioxid als weiteres Umwandlungsprodukt.

Diese beiden Beispiele aus dem Alltag können grundsätzlich auf alle chemischen Reaktionen übertragen werden:

Materialien, Gegenstände oder Stoffe verschwinden **niemals** – sie entziehen sich allenfalls unserer sinnlichen Wahrnehmung und wandeln sich bei einer chemischen Reaktion in andere Stoffe um.

Eine chemische Reaktion ist immer mit einer Veränderung der Energie verbunden: Im Falle des brennenden Teelichts wird Energie frei, bei anderen chemischen Reaktionen kann auch Energie von der Umgebung aufgenommen werden (das geschieht z. B. beim Karamellisieren von Zucker).

Bei chemischen Reaktionen wandeln sich Ausgangsstoffe, *Edukte* (z. B. Kerzenwachs oder Benzin) in neue Stoffe, *Produkte* (z. B. Wasser und Kohlenstoffdioxid) um. Eine Definition der Chemie lautet deshalb:

Chemie ist die Wissenschaft von den Stoffen und ihren Umwandlungen.

Vielleicht tauchen nun weitere Fragen auf: Warum entsteht eigentlich ausgerechnet Wasser und Kohlenstoffdioxid und nicht ein anderer Stoff? Warum verbrennt eine Kerze erst, wenn sie zuvor am Docht angezündet wird und warum fahren Autos – zum Glück – erst, wenn der Anlasser betätigt und damit eine „Initialzündung" in Gang gebracht wird? All diesen Fragen werden wir uns in den folgenden Kapiteln näher zuwenden.

Aber befassen wir uns zunächst mit einem Produkt bei der Verbrennung von Kerzen – dem Wasser, um das Feld der Chemie weiter abzustecken.

Wasser – eine chemische Verbindung

Wasser ist mengenmäßig die mit Abstand bedeutsamste Flüssigkeit auf der Erde und für den Menschen ein kostbares Lebensmittel.

Es bedeckt zu zwei Dritteln unseren Planeten. Der Mensch besteht zu über 65 Prozent aus Wasser und manche Obst- und Gemüsesorten – Salatgurken etwa – enthalten sogar rund 90 Prozent Wasser. Wasser ist nicht nur in großen Mengen vorhanden, sondern weist auch ganz besondere Eigenschaften auf, weshalb es für uns Menschen gerade eine so lebensnotwendige Flüssigkeit ist. Grund genug, es sich einmal genauer anzusehen.

Dabei geht es wiederum – wie im vorigen Kapitel mit dem Thema Stoffumwandlungen – um ein Kernthema der Chemie, nämlich die exakte Charakterisierung von Stoffen. Aus den genauen Erkenntnissen über die Stoffeigenschaften können Stoffumwandlungen abgeleitet und vorausgesagt werden.

Was aber sind denn die besonderen Eigenschaftsmerkmale von Wasser, die dazu beitragen, dass diese Flüssigkeit für Lebewesen so wichtig ist?

Wasser und Öl – wie Katz und Hund

Vielleicht haben Sie schon einmal versucht, einen Fettfleck mit Wasser aus einem Kleidungsstück auszuwaschen. Ohne Waschmittel, das eine Verbindung zwischen Öl und Wasser herstellt, ist das ein hoffnungsloses Unterfangen: Der Fettfleck breitet sich immer mehr aus, und wenn man Pech hat, bleibt zudem noch ein Wasserrand zurück. Der Grund für

 dieses vergebliche Bemühen wird in einem kleinen Experiment sichtbar, das ohne viel Aufwand während der Lektüre dieser Zeilen durchführbar ist.

Alles, was Sie dazu brauchen, ist ein Glas, Leitungswasser und ein wenig Salatöl. Wenn Sie nun etwas Salatöl und etwas Leitungswasser in das Glas gießen, werden Sie Zeuge eines zuverlässig immer wiederkehrenden Naturschauspiels.

Vorweg aber noch ein Gedankenspiel: Stellen Sie sich den Petersplatz in Rom zur Ostermesse vor; hunderttausend Menschen dicht gedrängt. Würden nun alle weiblichen Besucher aufgefordert, sich zur linken Seite des Petersdoms zu begeben und alle männlichen Teilnehmer, zur rechten Seite des Petersdoms zu gehen, so würde dieses Manöver sicherlich mehrere Stunden dauern. Und sicher würde auch dann noch manch ein Besucher auf der „falschen" Seite stehen.

Kommen wir zurück zum Naturschauspiel in Ihrem Glas: Hier befinden sich nicht nur hunderttausend Wasser- und Öl-Teilchen bzw. Wasser- und Öl*moleküle*, sondern – je nach verwendeter Menge – mindestens eine Quadrillion Wasserteilchen – was einer Eins mit 24 Nullen entspricht – und etwa noch einmal so viele Ölteilchen![1] Dennoch gelingt es diesen Öl- und Wasserteilchen innerhalb von wenigen Sekunden (!) wie von Zauberhand, den „richtigen" Platz im Glas zu finden, und das fast fehlerlos[2]. Alle Wassermoleküle sammeln sich unten im Glas und alle Ölmoleküle ordnen sich oberhalb des Wassers an. Eine Mischung zwischen Wasser und Öl ist nicht möglich – daher ist mit Wasser allein auch kein Ölfleck aus der Kleidung zu entfernen. Aber warum sind Wasser und Öl wie Katz und Hund?

Bei der Beantwortung dieser Frage nähern wir uns einem grundlegenden Prinzip[3] der Chemie:

> Gleiches mischt sich mit Gleichem bzw. Gleiches löst sich in Gleichem.

Wie der Volksmund schon sagt: „Gleich und Gleich gesellt sich gern." Mit „gleich" ist beim oben formulierten Prinzip der Aufbau der Stoffe gemeint. Nur Stoffe mit einem vergleichbaren Aufbau können sich gut miteinander vermischen.

Um dies besser nachvollziehen zu können, ist ein genauerer Blick auf die Wassermoleküle erforderlich, wobei unserem Auge dieser Blick verwehrt ist – wir benötigen dazu eine imaginäre Riesenlupe, die die Wassermoleküle vor unserem geistigen Auge vergrößert.

Wasser hat die äußere Form von dicht an dicht nebeneinander liegenden Kugeln. Stoffe, die eine ähnliche äußere Form aufweisen und zudem im chemischen Aufbau ähnlich sind – ein Thema, dem wir uns in einem der folgenden Kapitel widmen – können daher gut eine Mischung miteinander eingehen: Wasser und Essig zum Beispiel. Öl muss demnach eine andere Struktur aufweisen, sonst würde es sich ja mit Wasser mischen – und in der Tat: Unter unserer imaginären Riesenlupe sind im Falle des Öls lange Fäden erkennbar, die mit einer Kugelgestalt keinerlei Ähnlichkeit haben.

Zum Glück mischen sich Alkohol und Wasser ebenfalls – Grund genug, beim Genuss des nächsten Glases Wein einmal darüber zu philosophieren, welche äußere Form Alkohol wohl aufweist!

Eis kann Felsen sprengen!

Wenn wir einen Eiswürfel in ein Getränk geben, dann schwimmt er an der Oberfläche. Was hier im Kleinen geschieht, ist auch bei Eisbergen an Nord- und Südpol zu beobachten: Obwohl Eisberge massiv und riesengroß sind, schwimmen auch sie auf dem Meerwasser und ragen zu etwa einem Zehntel aus der Wasseroberfläche heraus; neun Zehntel liegen unter der Wasseroberfläche. Dies ist eigentlich bei genauerer Überlegung überraschend, ist es doch im Allgemeinen üblich, dass Feststoffe in Flüssigkeiten zu Boden sinken – so etwa eine Münze oder ein Stein. Das Phänomen des auf dem Wasser schwimmenden Eises ist umso erstaunlicher, als es sich hierbei um ein und denselben Stoff handelt – nämlich Wasser in unterschiedlichen *Aggregatzuständen*. Normalerweise geht ein Feststoff im flüssigen Aggregatzustand unter, wenn es sich um ein und denselben Stoff handelt (etwa Schokolade in der Schokoladenschmelze, Blei in flüssigem Blei etc.).

Oberflächlich betrachtet ist der Sachverhalt einfach erklärt: Eis hat eine geringere *Dichte* als Wasser[4]; deshalb schwimmt es oben. Aber warum hat Eis eine geringere Dichte? Sonst ist es doch so, dass bei niedriger Temperatur Stoffe weniger Volumen einnehmen – so dehnen sich etwa Metalle in der Wärme aus und ziehen sich in der Kälte wieder zusammen.

Um dies zu verstehen, lenken wir unseren Blick einmal genauer auf den Übergang von flüssigem Wasser zu Eis.

 Wenn wir einen Joghurtbecher mit Wasser füllen, die Wasserhöhe am Joghurtbecherrand markieren und den Becher dann in ein Gefrierfach stellen, beobachten wir, dass das Eis mehr Volumen in Anspruch nimmt und über die Markierung „hinauswächst". Wer dieses Experiment gerade nicht machen möchte, kann sich (wenn auch sicher ungern!) vielleicht an eine im Gefrierfach vergessene Flasche Wein erinnern – die Flasche ist geplatzt, weil sich das Wasser im Wein – immerhin knapp 90 Prozent – ausgedehnt hat.

Würden wir den Gefrierprozess jede Minute kontrollieren, könnten wir feststellen, dass sich die Volumenzunahme allmählich vollzieht, wobei dieser Prozess bereits bei +4°C beginnt! Nachdem sich das abkühlende Wasser immer mehr zusammenzieht und bei +4°C das geringste Volumen einnimmt, dehnt es sich unterhalb (!) dieser Temperatur wieder aus. Da dies eine außergewöhnliche Eigenschaft des Wassers ist, spricht man auch von der *Dichteanomalie* des Wassers. Mit Beginn dieser Volumenvergrößerung setzt gleichzeitig auch das Festwerden, der Kristallisationsprozess zur Eisbildung ein. Deshalb weisen Außentemperaturanzeiger in Autos bei +3 °C auf Glättegefahr hin, da sich dann bereits schon so viele Eiskristalle im Wasser gebildet haben, dass der Bremsweg verlängert ist.

Die Folgen der Dichteanomalie sind aber nicht nur für Autofahrer von Bedeutung: Ihretwegen frieren Seen bei Kälte von oben zu, was den Fischen im Wasser das Überleben ermöglicht, denn die Eisschicht wirkt wie eine Wärmedämmung, so dass das Wasser unterhalb des Eises nur langsam gefriert. Zudem wird durch den Druck des Eises auf das Wasser das Zufrieren verlangsamt.

Weil Eisberge auf dem Wasser schwimmen, können die Meeresströmungen vom Äquator zu den Polen und umgekehrt stets ungehindert einen Temperaturausgleich schaffen. Wenn die Eisberge auf dem Meeresgrund lägen, würden sie wie eine Barriere wirken: der Temperaturausgleich wäre erschwert und es käme zum Temperaturanstieg der Meere in Äquatornähe und damit zum Fischsterben. An den Polen würde die Wassertemperatur dagegen sinken und zu einer Vergrößerung der Eisberge führen.

Pflanzen wie Primeln überleben die Frostnächte im Frühling draußen nicht, weil sich das Wasser in ihren Kapillaren ausdehnt und diese sprengt – nur winterfeste Pflanzen mit wenig Wassergehalt überleben Temperaturen unterhalb +4 °C.

Felsen können durch Wassereinlagerungen gesprengt werden, wenn die Temperatur unter den Gefrierpunkt fällt, weil sich das Eis in den Felsspalten allmählich ausdehnt. Auf diese Weise ist in Millionen von Jahren auf unserer Erde aus großen Felsbrocken feinkörniger Sand entstanden. Alljährlich werden auf unseren Straßen durch dieses Phänomen große Schäden angerichtet, weil sich Wasser in Unebenheiten ansammelt und diese beim Gefrieren vergrößert.

Wasser kochen erfordert viel Geduld!

Wasser kochen kann jeder – denken Sie! Haben Sie schon einmal genau verfolgt, wie die Temperatur von Eiswasser allmählich bis zum Siedepunkt steigt?

 Falls Sie gerade Zeit haben und Ihre Aufmerksamkeit durch die Lektüre dieses Buches nicht zu sehr in Anspruch genommen wird, empfehle ich Ihnen folgendes Experiment:

Sie benötigen dazu einige Eiswürfel, etwas Leitungswasser, einen Kochtopf, eine Herdpatte, eine genaue Uhr mit Sekundenzeiger und ein Küchenthermometer, das die Temperaturskala von 0 °C bis 100 °C anzeigt.[5]
Geben Sie so viele Eiswürfel in den Kochtopf, dass der Boden gerade bedeckt ist und gießen Sie nun kaltes Leitungswasser hinzu, so dass der Topf bis zu einer Höhe von ca. zehn Zentimetern mit Wasser und Eiswürfeln gefüllt ist. Stellen Sie nun den Kochtopf auf die Herdplatte und erhitzen Sie kontinuierlich mit mittlerer Hitze (Herdstufe 2). Anhand des Thermometers und der Uhr können Sie nun die Erwärmung des Wassers verfolgen. Sollten Sie wirklich den Ehrgeiz haben, das Wasser auf 100 °C zu erhitzen, benötigen Sie ca. 20 Minuten (je nach Wärmezufuhr durch die Herdplatte geringfügig länger oder kürzer).
Schauen wir uns den Vorgang einmal genauer an: Zunächst steigt die Wassertemperatur unmerklich langsam. Erst nachdem alle Eiswürfel geschmolzen sind, beschleunigt sich der Temperaturanstieg. Das ändert sich kurz vor dem Siedepunkt: Beharrlich bleibt die Temperatur bei 96 °C stehen, steigert sich allmählich auf 98 °C, verharrt für sehr lange Zeit um diesen Temperaturbereich und steigt erst dann ganz allmählich auf 100 °C an.[6]

Grafisch können wir die Temperaturzunahme des Wassers etwa folgendermaßen darstellen:

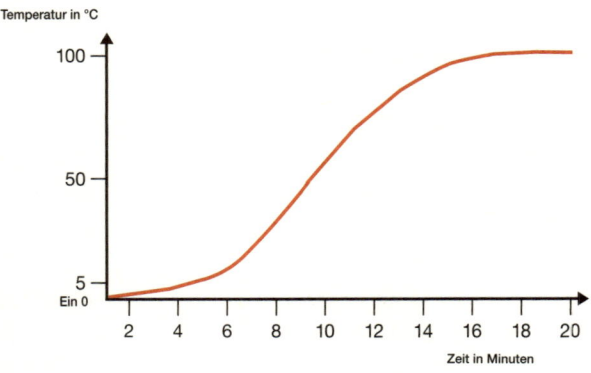

Abb. 1: Temperatur – Zeit-Graphik beim Sieden von Wasser

Warum flacht der Kurvenverlauf beim Übergang von Eis zu flüssigem Wasser und beim Übergang von flüssigem Wasser zu Wasserdampf so stark ab?

Der Grund für den langsamen Anstieg der Kurve beim Schmelzpunkt des Wassers ist ganz einfach erklärt: Es wird sehr viel Energie benötigt, um die Eiskristalle zu „zerstören". Zum Vergleich ein Zahlenbeispiel: Um aus festem Eis flüssiges Wasser von 0 °C zu bilden, wird genauso viel Energie benötigt wie beim Erwärmen des Wassers von 0 °C auf 80 °C! Daher ist es für unsere Erde so wichtig, Gletscher und Eisberge zu schützen, denn wenn diese einmal getaut sind, beschleunigt sich die Erderwärmung dramatisch.

Und warum wird kurz vor dem Siedepunkt wieder so viel Energie benötigt? Der aufsteigende Wasserdampf, also das aus dem flüssigen Wasserverband als Gas[7] entweichende Wasser, entzieht kontinuierlich Energie, so dass die Temperatur des Wassers über einen längeren Zeitraum nicht in demselben Maße ansteigt wie bei niedrigeren Temperaturen, bei denen sich nur wenig Wasserdampf bildet. Der Grund für dieses Phänomen ist die *Verdunstungskälte* [8], auf die wir später noch zu sprechen kommen werden.

Nach dem überraschenden Zahlenvergleich oben, der deutlich macht, um wieviel schneller sich Wasser erwärmt, wenn es einmal vom festen in den flüssigen Aggregatzustand übergegangen ist, taucht vielleicht die Frage auf, weshalb nach einer heißen Wetterperiode nicht das gesamte Wasser verdunstet ist. Der Grund ist einfach und zugleich auch wieder beruhigend: Flüssiges Wasser hat – zum Glück – eine hohe sogenannte *spezifische Wärmekapazität*, d. h. im Vergleich zu vielen anderen Flüssigkeiten (Öl, Alkohol, Benzol etc.) wird im Falle von Wasser viel mehr Energie benötigt, um es zu erwärmen.

Die Oberflächenspannung des Wassers – oder: Warum es Tropfen regnet

 Ein Wassertropfen, der auf eine heiße Herdplatte fällt, kugelt sich zusammen und rollt auf der Herdplatte, bis er verdunstet. Gibt man geriebenen Pfeffer auf ein Glas Leitungswasser, so bleibt der „Pfefferstaub" auf der Wasseroberfläche liegen, obwohl seine Dichte größer als die von Wasser ist. Füllt man ein Glas randvoll mit Wasser, so kann man Münzen in das Glas werfen, ohne dass das Wasser überläuft: Es entsteht ein gut sichtbarer „Wasserhügel", der über den Glasrand hinausragt.

Diese Phänomene lassen sich mit dem Begriff *Oberflächenspannung* erklären – doch was steckt genau dahinter?

Zwei Stoffe, die sich voneinander durch eine sogenannte Grenz**fläche** abgrenzen, etwa Wasser und Luft, Öl und Luft, Wasser und Öl, sind an den jeweiligen Oberflächen in sich „stabiler" als im Inneren der Substanzen (z. B. im Inneren des Wassers, des Öls oder der Luft). Im Fall von Wasser an der Grenze zu Luft ist diese Oberflächenspannung zudem aufgrund des molekularen Aufbaus beider Stoffe sehr hoch – ein Phänomen, dem wir uns erst dann genauer zuwenden können, wenn wir den molekularen Aufbau von Materie betrachtet haben.

Stoßen zwei Stoffe nicht nur durch eine Grenzfläche aneinander, sondern ist ein Stoff von dem anderen rundum umhüllt – etwa im Falle eines Wassertropfens und Luft – so bildet sich idealerweise eine Kugelgestalt aus. Der Grund: Die Angriffsfläche ist dann besonders klein, denn die Kugel ist die geometrische Form mit der geringsten Oberfläche bei möglichst großem Volumen – oder anders formuliert: Die Kugel ist die ideale Verpackung (nur nicht für Bücher).

Dasselbe geschieht auch mit Regentropfen, die durch die Luft nach unten auf die Erde sinken: Sie bilden eine Kugelgestalt aus, um sich von der Luft abzugrenzen; aufgrund des Luftwiderstands flachen sie jedoch nach unten ab und spitzen sich nach oben zu.

Wasser – ein gutes Lösungsmittel

Ein genauer Blick auf die zumeist lange Liste der Zusammensetzung eines Mineralwassers zeigt, wie viele unterschiedliche Stoffe im Mineralwasser gelöst sind. Auch in unserem Blut, das im Grunde eine wässrige Lösung ist, befinden sich zahlreiche gelöste Stoffe. Am Beispiel Zucker (Blutzuckerspiegel!) ist dies leicht erklärt: Zucker löst sich in unserem wässrigen Blutsystem so leicht, weil dieses einen ähnlichen

Aufbau hat wie Wasser. Das überrascht, hat Zucker doch völlig andere Eigenschaften als Wasser: Er ist weiß und kristallin. Würden wir ihn uns unter unserer imaginären Lupe genauer anschauen, könnten wir jedoch erkennen, dass die Oberfläche der einzelnen Zuckermoleküle aus vielen wasserähnlichen Kugeln besteht, die erst den Lösungsprozess ermöglichen, denn es gilt auch hier das zuvor dargestellte Prinzip:

Gleiches löst sich in Gleichem.

Was löst sich eigentlich leichter in Wasser – Salz oder Zucker? Ein kleines Experiment, bei dem Sie zwei Trinkgläser mit der gleichen Menge Leitungswasser füllen und in das eine Salz und in das andere die gleiche Menge Zucker geben, wird über diese theoretisch mit Leidenschaft diskutierbare Frage ein für alle Mal Klarheit bringen.

Zucker löst sich im Vergleich zu Salz deutlich schneller im Wasser. Warum ist das so? Hat das Salz im Vergleich zum Zucker eine weniger kugelige Oberfläche?

Um diese Frage genauer beantworten zu können, werden wir uns in den folgenden Kapiteln etwas genauer mit dem grundsätzlichen atomaren Aufbau der Materie befassen. Es wird daher eine Weile und einige Seiten dauern, bis wir zur Beantwortung der Frage zurückkehren können. Deshalb sei an dieser Stelle schon so viel vorweggenommen: Salz hat überhaupt keine kugelige Gestalt, aber dennoch so viel Ähnlichkeit mit dem Aufbau von Wasser, dass der Lösungsprozess gelingt. Was macht diese Ähnlichkeit aus? Die Ähnlichkeit entsteht durch *Ladungen* innerhalb der Wassermoleküle und innerhalb des Salzes, die zu einer Lösung führen. Schauen wir uns diesen Sachverhalt in den folgenden Kapiteln Schritt für Schritt an.

Ein Blick ins Innere der Materie: Der Bau der Atome

Die nun folgende Reise in den Atombau wird bei Ihnen möglicherweise zwiespältige Gefühle wecken. Einerseits: Begriffe wie Oxidationszahlen, Reaktionsgleichungen und das Periodensystem rufen vielleicht nicht gerade prickelnde Erinnerungen an nicht enden wollende Schulstunden wach. Andererseits scheint bei Ihnen der ausgeprägte Wunsch vorhanden zu sein, den Zusammenhang zwischen Elektronen, Atomkernen und der Dynamik chemischer Verbindungen zu verstehen – Sie haben sich schließlich schon Seite um Seite auf ein Ihnen leicht suspektes Thema eingelassen.

In der vorliegenden Einführung kommen wir nicht ganz um diese Betrachtung des Atombaus herum, denn ohne sie könnten wir Naturphänomene lediglich begrenzt verstehen. Bereits im vorigen Kapitel haben wir bei der Suche nach den Gründen für bestimmte Eigenschaftsmerkmale des Wassers diese Grenzen erkannt: So ist die Löslichkeit von Salz in Wasser ohne einen Blick ins Atominnere nur schwer nachvollziehbar; dasselbe gilt für die Oberflächenspannung.

Die nun folgenden etwa 26 Seiten verlangen Ihnen im Vergleich zum Einstieg etwas mehr an Durchhaltevermögen ab. Ich bitte Sie, das Buch auch dann nicht wegzulegen, wenn die Hürden zu hoch erscheinen. Die Belohnung folgt: Viele auf diese theoretischen Ausführungen aufbauende Kapitel werden Sie mit größerer Leichtigkeit verstehen – und nicht nur die Kapitel, sondern auch die Naturphänomene, die Sie tagtäglich umgeben.

Die unterschiedlichen Abstraktionsebenen bei der Annäherung an naturwissenschaftliche Deutungen

Wollen wir einem Naturphänomen auf den Grund gehen, so gibt es unterschiedliche Ebenen, auf denen diese Auseinandersetzung geschehen kann. Um überhaupt erst einmal eine Kenntnis über ein Phänomen (griechisch: „Phänomenon" – „das Erscheinende") zu erhalten, macht es im wahrsten Sinne des Wortes *Sinn*, dieses sinnlich zu erfahren, d. h. es zu sehen, zu riechen, zu hören, zu schmecken und zu tasten. Ohne eine solche unmittelbare Begegnung mit einem Sachverhalt fehlt die innere Beteiligung, weshalb es – nicht nur im Schulunterricht – so wichtig ist, Experimente durchzuführen. Ich möchte Sie daher ermuntern: Experimentieren Sie (Hinweise finden Sie im Text) und gehen Sie den Fragen praktisch auf den Grund! Was geschieht z. B., wenn ich Wasser koche oder wenn ich Essig auf Backpulver gebe?)

Auf die Stufe der sinnlichen Wahrnehmung folgt die zweite Stufe (die erste Abstraktionsstufe), bei der wir uns den strukturellen Formen der Materie zuwenden. Diese Stufe erreichen wir gedanklich relativ mühelos, indem wir uns die Materie mit Hilfe einer imaginären Lupe anschauen – oder auch mit Hilfe von Büchern, die die Phänomene leicht verständlich erklären. So konnten wir uns beispielsweise im vorigen Kapitel die unterschiedlichen Strukturen von Wasser (kugelig) und Öl (fadenförmig) und deren Nicht-Mischbarkeit vor unser geistiges Auge führen. Die Deutung der Naturphänomene ist allerdings auf dieser Ebene – bei allen interessanten Einsichten und wunderbaren Erkenntnissen – begrenzt. Wir haben auf dieser Abstraktionsebene zu Beginn dieses Buches Phänomene rund um das Brennen einer Kerze und rund ums Wasser zu deuten versucht und sind bei den Lösevorgängen von Salz und Zucker auf Grenzen gestoßen, weshalb wir uns der zweiten Abstraktionsstufe nähern müssen.

Die dritte Stufe (zweite Abstraktionsstufe) eröffnet ein wesentlich größeres Interpretationsfeld für Phänomene: den atomaren und subatomaren Bereich, der durch instrumentelle Verfahren zugänglich ist und deren Ergebnisse stets in Form von Modellen verdeutlicht werden. Allerdings können Modelle niemals die Wirklichkeit abbilden, da sie z. B. oftmals Details vernachlässigen, um leichter verständlich zu bleiben.

Die vierte Stufe (dritte Abstraktionsstufe) fasst eine Vielzahl von Phänomenen durch eine Formel zusammen – etwa den Zusammenhang zwischen Energie und Masse durch die von Einstein aufgestellte Formel $E = m \times c^2$. Keine Sorge: Diese Stufe spielt im vorliegenden Buch keine Rolle.

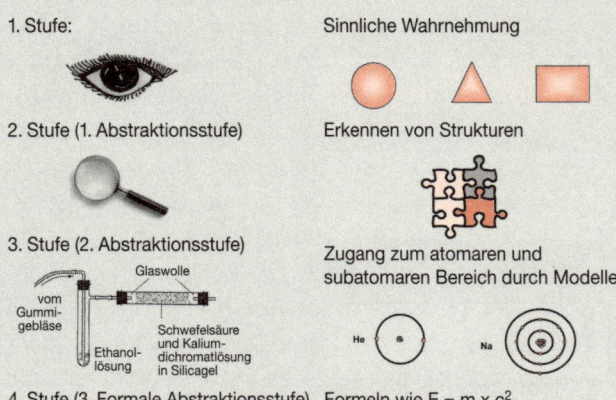

1. Stufe: Sinnliche Wahrnehmung

2. Stufe (1. Abstraktionsstufe)   Erkennen von Strukturen

3. Stufe (2. Abstraktionsstufe)

Glaswolle

vom Gummigebläse

Ethanollösung

Schwefelsäure und Kaliumdichromatlösung in Silicagel

Zugang zum atomaren und subatomaren Bereich durch Modelle

He · Na

4. Stufe (3. Formale Abstraktionsstufe)   Formeln wie $E = m \times c^2$

Abb. 2: Abstraktionsstufen

Leider werden – vor allem im naturwissenschaftlichen Unterricht – die unterschiedlichen Ebenen miteinander vermischt: So wird vor allem oft das faszinierende und für die Naturwissenschaften so charakteristische Experiment vernachlässigt und gleich die subatomare Ebene betrachtet – ein weiter Sprung in die Theorie, oftmals für einen Lernenden zu weit, weshalb die Chemie – in diesen Fällen nicht zu Unrecht – als zu theorielastig empfunden wird. Wünschenswert wäre, anhand von alltagsnahen Experimenten das Interesse zu wecken und durch die Wiederkehr im Alltag wachzuhalten, um anschließend die zugrundeliegenden Naturphänomene stufenweise zu deuten.

Das Atom

Die Frage nach dem kleinsten Teil, aus dem Materie besteht, beschäftigt die Menschheit schon sehr lange und ist im Grunde eine philosophische Fragestellung. Ist Materie unendlich zerlegbar oder stoßen wir beim Zerlegen auf eine Grenze, ab der das weitere Teilen nicht mehr möglich ist?

 Anschaulich kann man sich diese Fragestellung vor Augen führen, wenn man ein Blatt Papier der Größe DIN A4 immer wieder mit der Schere halbiert – zuerst auf die Größe DIN A5, dann auf die Größe DIN A6 usw., bis schließlich nur noch ein kaum in den Händen zu haltendes Papierstückchen für die nächste Halbierung übrig bleibt. Geht das immer so weiter oder ist irgendwann – nicht nur technisch durch Hand und Schere bedingt – das Teilen unmöglich?

Die älteste Überlieferung zu dieser Fragestellung geht auf

den griechischen Philosophen Leukipp (etwa 450 – 370 v. Chr.) und seinen Schüler Demokrit (460 – 371 v. Chr.) zurück. Sie gingen davon aus, dass Materie nicht unendlich weiter teilbar, sondern letztlich aus nicht mehr weiter teilbaren kleinsten Einheiten aufgebaut sei – dem *atomos*, was aus dem Altgriechischen übersetzt „das Unteilbare" bedeutet. Demokrit war der Überzeugung, dass die Atome eines jeden Elementes[1] sich in Größe und Form voneinander unterschieden und dass darauf die unterschiedlichen Eigenschaften der Elemente zurückgeführt werden könnten. Die real vorkommenden Substanzen seien aus Mischungen von Atomen der verschiedenen Elemente zusammengesetzt.

Diese Auffassung, dass das Atom der kleinste nicht weiter zerlegbare Materiebaustein sei, hielt sich weit über 2000 Jahre in der Menschheitsgeschichte, bis gegen Ende des 19. Jahrhunderts und vor allem zu Beginn des 20. Jahrhunderts eine noch nie dagewesene Erkenntnisexplosion einsetzte. Wie so oft ist es nicht das Verdienst eines einzelnen Naturwissenschaftlers, der diese Erkenntnisentwicklung in Gang brachte, sondern das Ineinandergreifen einer Vielzahl unterschiedlicher Einzelentwicklungen, die in genialer Weise zu neuen Einsichten in den Aufbau der Materie vereint wurden.

Der Weg zur Entdeckung der Elementarteilchen

Im grau unterlegten Kasten soll am Beispiel der Entdeckung des Elektrons etwas ausführlicher gezeigt werden, wie eng naturwissenschaftliche Erkenntnisse mit Personen verknüpft sind, die auf der Grundlage der jeweils aktuellen Entwicklung und im Dialog mit anderen Wissenschaftlern darum ringen, der Natur ihre Geheimnisse zu entlocken. Wer möchte, kann den Kasten überspringen und auch gleich bei den Erkenntnissen, die über das Elektron gewonnen wurden, weiterlesen.

Historische Entwicklung zur Entdeckung des Elektrons

Nachdem der elektrische Strom Ende des 18. Jahrhunderts entdeckt worden war[2], setzte man sich im 19. Jahrhundert vor allem experimentell mit der Frage auseinander, welche Eigenschaften elektrischer Strom habe und woraus er bestehe (Faraday 1791–1867, Plücker 1801–1868). Dazu war es zunächst einmal erforderlich, ein Vakuum – also einen Raum ganz ohne „störende" Materie – zu erzeugen, so dass der Strom ohne Wechselwirkungen durch andere Stoffe fließen könnte. Zu dieser Zeit war es aber noch nicht möglich, ein Vakuum hoher Qualität zu erzeugen. Erst dem englischen Physiker Joseph John Thompson (1856–1940) gelang es, Röhren zu konstruieren und diese so stark zu evakuieren, also frei von Luft und anderen Gasen herzustellen, dass der Strom störungsfrei durchfließen konnte. Anschließend setzte er die Strahlung einem positiv geladenen Feld aus. Dies führte zu Ablenkungen der elektrischen Strahlung, woraus geschlossen werden konnte, dass es sich bei elektrischen Strahlen um negativ geladene Partikel handeln musste. Wir werden gleich noch als Merksatz erfahren, dass positive und negative Ladungen gegenseitige Anziehungskräfte aufeinander ausüben.

Thompson konnte zu dieser Zeit lediglich das Verhältnis von Masse zu Ladung messen, aber eben nur in Relation. Die Bestimmung der absoluten Masse eines elektrischen Partikels gelang erst im Jahre 1911 durch den amerikanischen Physiker Robert Andrews Millikan (1868–1953), der die Masse eines elektrischen Partikels mit 1/1837 der Masse eines Wasserstoffatoms bestimmte. Für die kleinste Einheit der Elektrizität wurde der Begriff Elektron eingeführt.

Mit der Entdeckung des Elektrons war erstmals der Nachweis erbracht, dass das von Leukipp und Demokrit postulierte unteilbare Partikel, das atomos, nun doch in subatomare Teilchen teilbar ist. Doch welche anderen Partikel sind in Atomen noch enthalten? Bevor wir uns dieser Frage zuwenden, sollen zwei weitere Prinzipen eingeführt werden, die zum Verständnis des Atombaus beitragen.

> Gleich geladene Partikel stoßen sich gegenseitig ab, ungleich geladene Partikel, d. h. positive und negative Ladungen ziehen sich gegenseitig an.

sowie

> Atome sind nach außen ladungsmäßig ausgeglichen, d. h. sie sind aus gleich vielen negativ geladenen Partikeln wie positiv geladenen Partikeln aufgebaut.

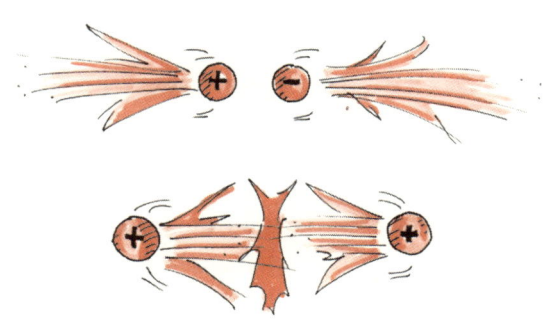

Die Entdeckung weiterer Elementarteilchen

Aus den o. g. Prinzipien wird deutlich, dass die (negative) Ladung eines Elektrons in einem Atom durch eine positive Ladung kompensiert werden muss. Aber wo ist die positive Ladung zu finden und gibt es zudem noch weitere Elementarteilchen?

Mit einem bahnbrechenden Experiment untersuchte Rutherford[3] im Jahre 1911 die Anordnung der Elementarteilchen in den Atomen und trug mit den Ergebnissen entscheidend zum heutigen Verständnis des Atombaus bei.

Bei diesem Experiment beschoss Rutherford eine extrem dünne Goldfolie, die nur aus einem Durchmesser von ca. 2000 Atomen bestand, mit α-Teilchen, das sind positiv geladene radioaktive Strahlen. Um die Goldfolie ordnete Rutherford einen belichtbaren Film an, auf dem die α-Teilchen Spuren hinterlassen konnten.

Erwartet wurde, dass die α-Teilchen an der Goldfolie abprallen, also reflektiert werden würden. Deshalb war die Überraschung groß, als die meisten Strahlen die Materie durchquerten und den Film hinter der Goldfolie belichteten. Nur wenige α-Strahlen wurden abgelenkt oder reflektiert. Rutherford erklärte das Durchqueren der α-Strahlen durch die Goldfolie mit der Annahme, dass der größte Teil der Atome „leer" sei. Die Ablenkung vereinzelter Strahlen wurde mit der Hypothese gedeutet, dass ein nicht durchdringbares positiv geladenes Zentrum in der Atommitte existiere, denn es gilt das Prinzip, dass positive Ladung von positiver Ladung abgelenkt wird (s. orangeroter Kasten).

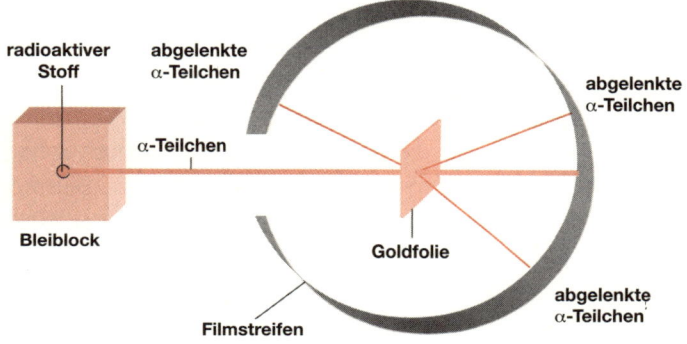

Abb. 3: Rutherford-Versuch

Der Aufbau der Atome

Schauen wir uns auf der Grundlage der zuvor beschriebenen Entdeckungen das Atom mit dem einfachsten Aufbau an – das Wasserstoffatom.[4]

Im Kern enthält es ein positiv geladenes Teilchen – das *Proton*. In einigem Abstand vom Kern entfernt kreist ein negativ geladenes Elektron mit einer ungeheuer großen Geschwindigkeit, da es bei geringerer Geschwindigkeit vom positiv geladenen Inneren angezogen würde.

Die Größenverhältnisse im Wasserstoffatom lassen sich aus dem oben beschriebenen Goldfolienversuch ableiten: Von ca. 100 000 α-Strahlen wurden lediglich zwei Strahlen abgelenkt. Entsprechend ist der Durchmesser des Atomkerns winzig klein, während die Bahn, auf der das Elektron kreist, sich weit vom Atomkern entfernt befindet: Hier ein Beispiel für das Größenverhältnis (das der Autorin, die über viele Jahre und gerne in Köln gelebt hat, besonders gefällt):

Der Kölner Dom hat eine Höhe von 156 Metern. Würde man nun eine Stecknadel mit einem Stecknadelkopf von vier Millimetern Durchmesser in die Mitte des Kölner Domes legen, so würde die Kreisbahn des Elektrons den gesamten Dom vom Boden bis zu den beiden Turmspitzen einschließen.

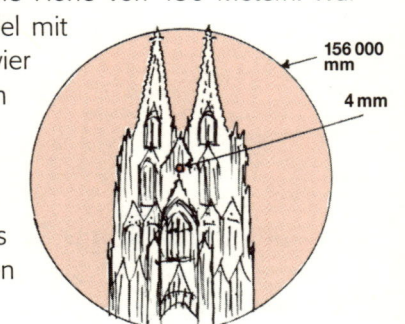

Das nächst komplexere Atom, nämlich das Heliumatom, besteht aus zwei Protonen und zwei Elektronen. Doch wie ist die Anzahl von zwei Protonen in einem winzigen Atomkern mit dem Prinzip zu vereinbaren, dass sich zwei gleiche Ladungen (Protonen sind stets positiv geladen) gegenseitig abstoßen? Müsste der Atomkern nicht sogleich „zerfallen" und die beiden Protonen voreinander das Weite suchen?

Dies geschieht nicht, weil sich im Atomkern ein dritter Typ von Elementarteilchen, das Neutron, befindet. Wie der Name schon verrät, ist es neutral geladen und seine Funktion besteht darin, durch seine schwere Masse die Protonen wie eine Art Kleber zusammenzuhalten.

Während das Wasserstoffatom mit nur einem Proton gut ohne Neutronen auskommen kann, sind alle komplexer aufgebauten Atome auf Neutronen angewiesen, damit innerhalb des Kerns die Abstoßungskräfte der gleich geladenen Protonen nicht zu groß werden.

Die folgende Tabelle 1 gibt einen Überblick über die genannten Elementarteilchen, ihre Ladung sowie ihre Masse. Bei der Massenangabe wird nicht, wie sonst üblich, Gramm oder Kilogramm, sondern „u" verwendet (engl. unit = Einheit). Es ist ein unvorstellbar kleiner Wert, der erst mit $6{,}023 \times 10^{23}$ multipliziert ein Gramm ergibt! „u" entspricht der Masse von einem Proton.

Elementarteilchen	Masse	Ladung	Abkürzung
Proton	1 u	+	p
Neutron	1 u	+/− 0	n
Elektron	1/1835 u	−	e

Tab. 1: Teilchen, Masse, Ladung

Das Heliumatom enthält neben zwei Elektronen und zwei Protonen also noch zwei Neutronen.

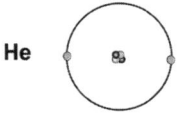

Wenn wir die Verteilung der Elementarteilchen und ihrer Massen genauer betrachten, stellen wir etwas Überraschendes fest: Im winzig kleinen Atomkern ist mit den Protonen und Neutronen nahezu die gesamte Masse eines Atoms enthalten, in dem weiten Raum, der den Elektronen zur Verfügung steht, befindet sich dagegen nur eine verschwindend geringe Masse! Wenn Sie sich demnächst einmal wieder auf die Waage stellen, dann können Sie ja mal daran denken, dass eigentlich nur die Atomkerne in Ihnen den Zeiger in die Höhe treiben, während die federleichten Elektronen zu Ihrem Volumen beitragen! Zum Abnehmen müssen Sie aber doch an beides ran: An die Atomkerne und an die Elektronen.

Die überschaubare Welt der unterschiedlichen Atome

Wenn Sie sich in dem Raum, in dem Sie sich beim Lesen dieses Buches befinden, einmal umschauen, so werden Sie sicherlich eine Vielzahl unterschiedlicher Materialien wahrnehmen können: Der Stuhl, auf dem Sie sitzen, besteht vielleicht aus Holz und ist bei näherer Betrachtung eventuell durch Metallschrauben zusammengefügt, auf dem Boden liegt ein Teppich, die Fensterscheiben bestehen aus Glas, während die Fensterrahmen aus einem anderen Material – Holz, Kunststoff oder Metall – gefertigt sind. Allein dieses Buch, das Sie gerade in der Hand halten, besteht aus einer Vielzahl verschiedener Materialien: aus Zellulose, Druckerschwärze, orangeroter Farbe, einem Umschlag, der wiederum aus einem festeren Material hergestellt wurde und eine Vielzahl von Farben enthält etc. Was Sie selbst betrifft, sind Sie ohnehin ein Wunderwerk der Natur, „zusammengesetzt" aus nahezu unzähligen unterschiedlichen Substanzen: Ihre Haut, die Haare, die Knochen, das Blut, der Augapfel, mit dem Sie diese Zeilen lesen ...

All diese vielen unterschiedlichen Stoffe sind aus nur einer vergleichbar geringen Anzahl verschiedener Atome aufgebaut – nämlich 111 unterschiedlichen Atomen[5] – mehr benötigt die Welt der Chemie nicht, um Millionen verschiedener Verbindungen hervorzubringen, und dabei kommen manche Atomarten so gut wie gar nicht vor, andere wiederum sind sehr häufig vertreten. Auch wenn der Vergleich nicht ganz stimmig ist, vorstellen kann man sich die unterschiedlichen Atome wie unterschiedlich beschaffene Lego®-Steine: Neben den üblichen würfel- und quaderförmigen roten und weißen Steinen gibt es noch andersfarbige und zudem runde, halbrunde, beleuchtbare etc., mit denen immer komplexere Konstruktionen gebaut werden können. Jeder neue Baustein-Typ schafft eine größere Vielfalt an Konstruktionsmöglichkeiten, vorausgesetzt, es sind vom jeweiligen Typ ausreichend viele Bausteine vorhanden.

Die Häufigkeit der unterschiedlichen Elemente in der Erdkruste einschließlich der Ozeane und aller Gewässer sowie der Atmosphäre ist bemerkenswert: Nur neun Elemente, nämlich Sauerstoff, Silicium, Aluminium, Eisen, Calcium, Natrium, Kalium, Magnesium und Wasserstoff ergeben zusammen bereits 98,3 Gewichtsprozent.

Elemente	Gewichts-prozent	Elemente	Gewichts-prozent
Sauerstoff	49,2	Natrium	2,6
Silicium	25,7	Kalium	2,4
Aluminium	7,5	Magnesium	1,9
Eisen	4,7	Wasserstoff	0,9
Calcium	3,4		

Tab. 2: Die neun häufigsten Elemente der Erde (einschl. Gewässer und Atmosphäre)

Gerade die beiden ersten Elemente – Sauerstoff und Silicium – gibt es im wahrsten Sinne des Wortes „wie Sand am Meer", denn Sand besteht aus Siliciumdioxid, einer Verbindung aus einem Atom Silicium mit zwei Atomen Sauerstoff. Kohlenstoff, ein Element, das am Aufbau von Erdöl und aller organischen Substanzen beteilig ist, taucht in Tabelle 2 erst gar nicht auf. Das liegt an seinem vergleichsweise geringen Gewicht – trotz seiner Häufigkeit.

Auch andere in der Tabelle nicht aufgeführte und vergleichsweise selten vorkommende Elemente verleihen zahlreichen Verbindungen erst ihre charakteristischen Eigenschaften. So geben geringste Spuren von Mangan, Eisen und Titan dem Amethyst seine ganz besondere Eigenart. Ohne Schwefel, der in den Aminosäuren Cystein und Methionin enthalten ist, hätten unsere Haare ein anderes Aussehen bzw. wären erst gar nicht vorhanden, und ca. zwei Milligramm Lithium sorgen im menschlichen Körper dafür, dass wir im seelischen Gleichgewicht bleiben.

Die Ordnungszahl bringt Überblick in die Reihenfolge der Atome

Wodurch sich die einzelnen Lego®-Stein-Typen voneinander unterscheiden, ist sichtbar und dadurch gut zu entscheiden. Wie verhält es sich aber bei Atomen, die für unser Auge nicht sichtbar sind?

Am Beispiel des Wasserstoff- und Heliumatoms hat sich ein Unterscheidungsmerkmal bereits angedeutet: Wasserstoff enthält **ein Proton** und entsprechend zum Ladungsausgleich ein Elektron, Helium enthält **zwei Protonen**, zwei Elektronen und zwei Neutronen zur Stabilisierung des

Atomkerns. Das Atom mit dem nächst komplexeren Aufbau, das Lithium, enthält **drei Protonen** (und natürlich drei Elektronen zum Ladungsausgleich und Neutronen zur Stabilisierung).

Allgemein formuliert unterscheidet sich immer das nächst komplexe Atom vom vorigen durch genau ein weiteres Proton (und ein Elektron). Um hier einmal weniger geläufige Atome ins Spiel zu bringen: Ein Wolfram-Atom enthält 74 Protonen und damit genau ein Proton mehr als ein Tantal-Atom (73), Tantal ein Proton mehr als Hafnium (72) etc.

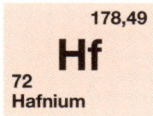 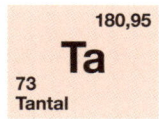 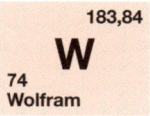

Überraschend und nachdenklich stimmend ist die Tatsache, dass nirgends in der Reihenfolge der Atome eine Lücke auftaucht, dass sich also kontinuierlich immer das nächste Atom von dem vorigen durch genau ein zusätzliches Proton und ein zusätzliches Elektron unterscheidet. Entsprechend wird die Anzahl der Protonen auch als **Ordnungszahl** (oder als Kernladungszahl) bezeichnet, denn sie bestimmt die Anordnung der Atome im Periodensystem der Elemente (PSE), auf das wir im nächsten Kapitel noch genauer eingehen werden.

Periodensystem der Elemente oder der Atome?

Warum taucht plötzlich der Begriff Element anstelle von Atom auf und weshalb heißt es „Periodensystem der Elemente" und nicht „Periodensystem der Atome"? Elemente bestehen aus Atomen gleicher Ordnungszahl, d. h. mit der gleichen Anzahl an Protonen im Kern, das Element Wasserstoff also aus lauter Wasserstoffatomen und das Element Helium aus lauter Heliumatomen. Da es die Elemente sind, die wahrnehmbar sind, und sie in früheren Zeiten der einzige Zugang zu den Bausteinen der Chemie waren, orientierte sich das Ordnungsprinzip des Periodensystems zunächst ausschließlich an Elementen, obwohl es im Grunde Informationen über den Aufbau der Einzelbestandteile der Elemente – die Atome – gibt.

Das Periodensystem – leichter lesbar als ein Telefonbuch

Oje, das Periodensystem! Ich fürchte, bei manchen von Ihnen sind die Erinnerungen daran – vorsichtig ausgedrückt – nicht durchweg positiv. Fällt Ihnen zum Stichwort „Periodensystem" möglicherweise als Erstes das Wort „Auswendiglernen" ein? Das Periodensystem verliert allerdings viel von seinem Schrecken, wenn man das dahinterstehende Prinzip verstanden hat.

Wer von uns käme schon auf die Idee, ein Telefonbuch auswendig zu lernen, um für den Fall gerüstet zu sein, dass wir eine plötzlich benötigte Rufnummer schnell zur Verfügung haben? Da bewährt es sich eher, das Alphabet zu beherrschen, um dann dieses Ordnungsprinzip bei der Suche nach einem Namen anzuwenden.

Genauso werden wir im Folgenden mit dem Periodensystem umgehen, indem wir – neben der im letzten Kapitel angesprochenen Ordnungszahl – weitere Ordnungsprinzipien kennen lernen und anwenden. Da diese Ordnungsprinzipien einer inneren Logik folgen, die deutlich einsehbarer ist als die des Alphabets, wage ich die kühne Behauptung, dass Ihnen der Umgang mit dem Periodensystem demnächst vermutlich leichter fallen wird als der mit dem Telefonbuch.

Kleiner Exkurs in die Geschichte der Entstehung des Periodensystems

In der Antike unterteilte man die physische Welt in die vier Elemente (Feuer, Wasser, Erde, Luft). Von den heute bekannten chemischen Elementen waren damals nur wenige in Reinform bekannt: Kohlenstoff, Schwefel, Eisen, Kupfer, Silber, Zinn, Gold, Quecksilber und Blei.

Im Mittelalter wurden insbesondere beim Abbau von Erzen weitere Elemente als Beimengungen entdeckt: Zink, Phosphor, Antimon, Arsen und Wismuth. Im 18. und 19. Jahrhundert folgten etliche weitere Element-Entdeckungen – zum einen dank besserer Instrumente und Methoden, vor allem aber auch, weil eine intensive Suche nach einem inneren Zusammenhang der Materie den Forschergeist aktivierte. Trotz der zunehmenden Zahl bekannter Elemente konnte jedoch eine Ordnung unter ihnen nicht entdeckt werden. Und beunruhigt fragten sich die damaligen Chemiker, wieviele Elemente noch gefunden werden könnten – Hunderte? Oder gar unendlich viele?

Die erste Idee einer Ordnung entwickelte Johann Wolfgang Döbereiner (1780–1849), der entdeckte, dass das Element Brom in seinen Eigenschaften genau „zwischen" den Eigenschaften von Chlor und Jod stand.[6] Fieberhaft wurde versucht, aus dieser Entdeckung weitere Ordnungskriterien abzuleiten, aber die Suche blieb vergeblich, da vor allem eine exakte Zuordnung der Atomgewichte schwierig war und Atome häufig mit Elementen, also Verbindungen aus Atomen der gleichen Ordnungszahl, verwechselt wurden.

Den Durchbruch brachte der erste Internationale Chemikerkongress, der 1860 in Karlsruhe stattfand und auf dem eine Einigung zur Berechnung des Atomgewichts erzielt werden konnte. Schon bald danach wurden die Elemente nach steigendem Atomgewicht geordnet, womit auch teilweise eine Ordnung in den Eigenschaften der Elemente erkennbar wurde.

Einen entscheidenden Schritt nach vorne brachte eine Überlegung des deutschen Chemikers Julius Lothar Meyer (1830–1895): Er stellte das Atomgewicht in ein Verhältnis zum Atomvolumen und erhielt dadurch periodische Zusammenhänge zwischen den einzelnen Elementen. Als er das Ergebnis seiner Untersuchungen im Jahre 1870 veröffentlichte, kam er damit zu spät, denn nur ein Jahr zuvor hatte der russische Chemiker Dimitrij Iwanowitsch Mendelejew (1834 – 1907) gleichfalls eine periodische Anordnung der Elemente vorgeschlagen. Dass Mendelejew der Löwenanteil bei der Entdeckung des Periodensystems zukommt, liegt nicht allein daran, dass er die periodische Anordnung der Elemente ein Jahr vor Meyer veröffentlichte, sondern vor allem in den Schlussfolgerungen, die er aus seinem System zog: Die Anordnung der Elemente hatte einige Lücken zur Folge, die Mendelejew allerdings nicht als Unregelmäßigkeit oder Fehler ansah, sondern als Hinweis darauf, dass diese Lücken noch durch bislang unentdeckte Elemente zu füllen seien, denen er dann auch schon die Namen Eka-Bor, Eka-Aluminium und Eka-Silicium gab.[7] Tatsächlich wurde 1875 Gallium entdeckt, das den vermuteten Eigenschaften des Eka-Aluminiums entsprach, 1879 wurde Scandium als Entsprechung für Eka-Bor entdeckt und 1886 wurde mit Germanium die letzte Lücke für Eka-Silicium geschlossen. Alle Entdeckungen zusammen bildeten eine nahezu unumstößliche Bestätigung des Ordnungsprinzips aus dem Mendelejewschen Periodensystem.

Mit Hilfe des Periodensystems einfach die Anzahl der Elementarteilchen ermitteln

Bevor wir uns der Anordnung der einzelnen Atome im Periodensystem zuwenden, schauen wir zunächst einmal anhand eines Beispiels die Zahlenwerte und deren Informationsgehalt an, die zu jedem Element genannt werden.

Schauen wir uns also das Atom Beryllium mit dem Symbol Be einmal näher an.

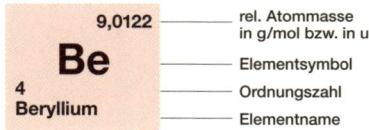

Beginnen wir mit der Ordnungszahl 4. Demnach hat das Atom vier Protonen und vier Elektronen (vgl. S. 47). Neutronen muss es ebenfalls im Kern enthalten, damit die Protonen sich nicht abstoßen, aber wieviele von ihnen sind vorhanden? Die relative Atommasse – hier 9,0122 – gibt Auskunft, wobei die Zahlenwerte jeweils ab- bzw. aufgerundet werden:

Wenn laut Ordnungszahl bereits vier Protonen mit der Masse von jeweils 1 u enthalten sind, die Gesamtmasse des Atomkerns aber 9 u beträgt, müssen sich im Kern noch fünf weitere Elementarteilchen befinden, nämlich die Neutronen, die ebenfalls jeweils eine Masse von 1 u haben.

Üben wir das Beschriebene noch einmal am Element Kohlenstoff mit dem Symbol C (und es ist hilfreich, wenn Sie dazu das Periodensystem zur Hand nehmen): Die Ordnungszahl ist 6, die Masse beträgt 12 u. Demnach sind folgende Elementarteilchen im Kohlenstoffatom enthalten: sechs Protonen und sechs Elektronen sowie sechs Neutronen (Masse 12 u minus 6 u, wegen der sechs Protonen mit der Masse von 1u, entspricht einer ‚Restmasse‘ von 6 u, die auf sechs Neutronen mit der Masse von 1u schließen lässt).

12 - 6 . . .
Wieviel Protonen,
Elektronen,
Neutronen ?

Vielleicht finden Sie, dass der Umgang mit einem Telefonbuch doch zielführender ist als diese Art von Berechnungen, weil die Kenntnis über die Anzahl der Elementarteilchen eigentlich keinerlei praktische Bedeutung hat? Es ist noch etwas früh, darüber zu diskutieren. Wir befassen uns deshalb im Folgenden, so schlage ich vor, mit dem Periodensystem und sehen uns die Elektronen näher an.

Die Anordnung der Elektronen

Bei einem genaueren Blick auf das Periodensystem fällt auf, dass die einzelnen Kästchen, die die jeweiligen Atome der unterschiedlichen Elemente symbolisieren, in senkrechte Spalten und waagerechte Zeilen, sogenannte Gruppen und Perioden, angeordnet werden. Was es damit auf sich hat, soll im Folgenden geklärt werden:

Sie erinnern sich an das Prinzip, in das Sie auf S. 39 eingeweiht wurden und das uns hilft, den Aufbau der Atome zu verstehen? Gleich geladene Partikel stoßen sich gegenseitig ab, ungleich geladene ziehen sich gegenseitig an. Die Elektronen haben demnach gleich zwei Probleme zu bewältigen. Das erste Problem: Sie haben sich der Anziehungskraft des Kerns zu wiedersetzen. Dieses Problem lösen sie, indem sie den Kern mit hoher Geschwindigkeit umkreisen. (vgl. S. 41).

Das zweite Problem: Die Elektronen sind, wie wir ja wissen, alle negativ geladen. Kommen sie zu nah aneinander, dann stoßen sie sich gegenseitig ab. Welche Lösung haben die Elektronen gefunden, um dieses Problem zu bewältigen?

Die Antwort ist einfach und experimentell auch leicht zu belegen: Die Elektronen gehen sich aus dem Weg und suchen größtmöglichen Abstand voneinander. Allerdings schwirren sie dabei nicht beliebig frei im Raum umher, sondern befinden sich in bestimmten Abständen zum Atomkern. Ein einfaches Schema, mit dem diese Abstände zum Atomkern verständlich dargestellt werden können[8], liefert das sogenannte Schalenmodell. Danach kreisen die Elektronen in Kreisbahnen (Schalen) mit einem bestimmten Abstand um den Atomkern, vergleichbar den Planeten, die auf Kreisbahnen um die Sonne kreisen. Die Kreisbahn ist dabei nur ein Gedankenkonstrukt und keine wirklich vorhandene physische Bahn, ähnlich wie die Planetenumlaufbahnen um die Sonne auch nirgends vorzufinden sind. Dieses Gedankenkonstrukt soll helfen, sich die Bewegung der Elektronen um den Atomkern vorzustellen.

Die Kreisbahn, die dem Atomkern am nächsten ist, hat naturgemäß den kleinsten Kreisumfang. Hier finden nur maximal zwei Elektronen Platz, ohne sich gegenseitig abzustoßen, wobei sie die am weitesten voneinander entfernten Positionen besetzen. Ein nächstes Elektron muss eine Kreisbahn, d. h. eine Schale, mit einem deutlich größeren Abstand zum Atomkern besetzen. Um noch einmal auf den Kölner Dom und die Größenverhältnisse zurückzukommen (vgl. S. 42): Wenn der Stecknadelkopf von vier Millimetern dem Atomkern entspricht und die erste Kreisbahn die Türme streift, so wäre die zweite Schale geographisch bereits 155 Meter vom Kern entfernt. Der Grund ist einfach erklärt: Die Schalen benötigen den großen Abstand, da sie mit gleich geladenen Elektronen besetzt sind, die sich ansonsten gegenseitig abstoßen würden. Entsprechend dem größeren Abstand zum Atomkern vergrößert sich der Kreisumfang der Schale, so dass dort mehr Elektronen Platz finden können. Mit einer Formel lässt sich die maximale Anzahl der Elektronen auf den jeweiligen Schalen leicht berechnen, wobei n die Schalennummer angibt.

$$\text{maximale Elektronenzahl} = 2\,n^2$$

So finden sich also auf der ersten Schale maximal zwei ($2 \times 1^2 = 2$), auf der zweiten Schale maximal acht ($2 \times 2^2 = 2 \times 4 = 8$), auf der dritten Schale maximal 18 ($2 \times 3^2 = 2 \times 9 = 18$), dann 32, 50 etc.

Die inneren Schalen werden in der Regel zuerst besetzt, da sich dort die Anziehungskraft des positiv geladenen Kerns stärker auf die negativ geladenen Elektronen auswirkt.

Schauen wir uns einmal die Verteilung der Elektronen eines Natriumatoms mit dem Symbol Na an: Die Ordnungszahl 11 gibt Auskunft über die Anzahl von 11 Protonen, entsprechend hat das Atom auch 11 Elektronen (und die Atommasse von aufgerundet 23 gibt Auskunft darüber, dass sich zudem 12 Neutronen im Kern befinden, die allerdings unmittelbar für die Berechnung der Elektronenanzahl irrelevant sind).

Die 11 Elektronen verteilen sich wie folgt: Zwei befinden sich auf der ersten Schale, acht auf der zweiten Schale und ein Elektron auf der dritten Schale, denn für ein neuntes Elektron hat die zweite Schale keinen Platz mehr.

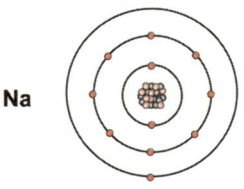

Na

Was im Falle eines Natriumatoms noch einfach und über-
schaubar ist, sieht bei der Elektronenverteilung von z. B. Antimon (Symbol Sb) mit der Ordnungszahl 51 schon kompli-
zierter aus.

Hier hilft das Periodensystem weiter: Die Periodennummer (Ziffer in der linken Spalte am linken äußeren Rand
des Periodensystems) gibt an, auf welcher Schale sich die
äußersten Elektronen befinden – im Falle von Antimon ist
dies die fünfte Schale; die Gruppennummer (die römischen
Ziffern in der obersten Zeile über dem Periodensystem) gibt
die Anzahl der Elektronen auf der äußersten Schale an. Somit hat Antimon auf der fünften Schale fünf Außenelektronen. Blei mit dem Symbol Pb hat vier Außenelektronen auf
der sechsten Schale.

Halten wir fest:

Die Periodennummer im Periodensystem gibt an, wie
viele Schalen eines Atoms von Elektronen besetzt werden. Die Gruppennummer gibt die Anzahl der Außenelektronen eines Atoms wieder.

Periodensystem der Elemente

Ia	IIa	IIIb	IVb	Vb	VIb	VIIb	VIIIb	VIIIb	VIIIb	Ib	IIb	IIIa	IVa	Va	VIa	VIIa	VIIIa
1,0079 **H** 1 Wasserstoff																	4,002602 **He** 2 Helium
6,941 **Li** 3 Lithium	9,0122 **Be** 4 Beryllium											10,811 **B** 5 Bor	12,011 **C** 6 Kohlenstoff	14,007 **N** 7 Stickstoff	15,999 **O** 8 Sauerstoff	18,998 **F** 9 Fluor	20,1797 **Ne** 10 Neon
22,99 **Na** 11 Natrium	24,305 **Mg** 12 Magnesium											26,982 **Al** 13 Aluminium	28,086 **Si** 14 Silicium	30,974 **P** 15 Phosphor	32,066 **S** 16 Schwefel	35,453 **Cl** 17 Chlor	39,948 **Ar** 18 Argon
39,098 **K** 19 Kalium	40,078 **Ca** 20 Calcium	44,956 **Sc** 21 Scandium	47,88 **Ti** 22 Titan	50,942 **V** 23 Vanadium	51,996 **Cr** 24 Chrom	54,938 **Mn** 25 Mangan	55,845 **Fe** 26 Eisen	58,933 **Co** 27 Cobalt	58,693 **Ni** 28 Nickel	63,546 **Cu** 29 Kupfer	65,39 **Zn** 30 Zink	69,723 **Ga** 31 Gallium	72,61 **Ge** 32 Germanium	74,922 **As** 33 Arsen	78,96 **Se** 34 Selen	79,904 **Br** 35 Brom	83,8 **Kr** 36 Krypton
85,468 **Rb** 37 Rubidium	87,62 **Sr** 38 Strontium	88,906 **Y** 39 Yttrium	91,224 **Zr** 40 Zirconium	92,90638 **Nb** 41 Niob	95,94 **Mo** 42 Molybdän	98,906 **Tc** 43 Technetium	101,07 **Ru** 44 Ruthenium	102,91 **Rh** 45 Rhodium	106,42 **Pd** 46 Palladium	107,87 **Ag** 47 Silber	112,41 **Cd** 48 Cadmium	114,82 **In** 49 Indium	118,71 **Sn** 50 Zinn	121,75 **Sb** 51 Antimon	127,6 **Te** 52 Tellur	126,9 **I** 53 Iod	131,293 **Xe** 54 Xenon
132,91 **Cs** 55 Cäsium	137,33 **Ba** 56 Barium	57-71 Lanthanide	178,49 **Hf** 72 Hafnium	180,95 **Ta** 73 Tantal	183,84 **W** 74 Wolfram	186,21 **Re** 75 Rhenium	190,23 **Os** 76 Osmium	192,22 **Ir** 77 Iridium	195,078 **Pt** 78 Platin	196,97 **Au** 79 Gold	200,59 **Hg** 80 Quecksilber	204,38 **Tl** 81 Thallium	207,2 **Pb** 82 Blei	208,98 **Bi** 83 Bismut	209,98 **Po** 84 Polonium	209,99 **At** 85 Astat	222,02 **Rn** 86 Radon
223,02 **Fr** 87 Francium	226,03 **Ra** 88 Radium	89-103 Actinide	261,11 **Rf**** 104 Rutherfordium	262,11 **Db**** 105 Dubnium	266,12 **Sg**** 106 Seaborgium	264,12 **Bh**** 107 Bohrium	269,13 **Hs**** 108 Hassium	268,14 **Mt**** 109 Meitnerium	271,15 **Ds**** 110 Darmstadtium	272,15 **Uuu**** 111 Unununium	277 **Uub**** 112 Ununbium						

Periode 1–7

Lanthanide:

138,91 **La*** 57 Lanthan	140,12 **Ce** 58 Cer	140,91 **Pr** 59 Praseodym	144,24 **Nd** 60 Neodym	146,92 **Pm*** 61 Promethium	150,36 **Sm** 62 Samarium	151,96 **Eu** 63 Europium	157,25 **Gd** 64 Gadolinium	158,93 **Tb** 65 Terbium	162,5 **Dy** 66 Dysprosium	164,93 **Ho** 67 Holmium	167,26 **Er** 68 Erbium	168,93 **Tm** 69 Thulium	173,04 **Yb** 70 Ytterbium	174,97 **Lu** 71 Lutetium

Actinide:

227,03 **Ac*** 89 Actinium	232,04 **Th*** 90 Thorium	231,04 **Pa*** 91 Protactinium	238,03 **U*** 92 Uran	237,05 **Np*** 93 Neptunium	244,06 **Pu*** 94 Plutonium	243,06 **Am**** 95 Americium	247,06 **Cm**** 96 Curium	247,06 **Bk**** 97 Berkelium	251,08 **Cf**** 98 Californium	252,08 **Es**** 99 Einsteinium	257,18 **Fm**** 100 Fermium	258,1 **Md**** 101 Mendelevium	259,1 **No**** 102 Nobelium	262,11 **Lr**** 103 Lawrencium

Tab. 3: Periodensystem der Elemente, Blei (Pb) und Antimon (Sb) hervorgehoben.

Zur Erinnerung: Die Berechnung der Elektronenanzahl, wie sie mit der Formel $2n^2$ angegeben wird, gibt die maximal mögliche (!) Anzahl der Elektronen auf einer Schale an. Die Schalen müssen also nicht bis an ihre Kapazitätsgrenze gefüllt sein, bis die nächste Schale bestückt wird. Antimon hat beispielsweise auf der fünften Schale nicht 32, sondern lediglich 18 Elektronen. Daher ist die Orientierung anhand des Periodensystems hilfreich, denn so ist mit einem Blick die Anzahl der Außenelektronen und ihr Abstand vom Atomkern zu ermitteln. Äußere Elektronen, die sich in einer sehr großen Entfernung zum Atomkern befinden – wie etwa im Falle von Blei –, werden vom Atomkern kaum noch angezogen und können so leichter abgespalten werden, was wir uns in einem der nächsten Kapitel etwas genauer anschauen.

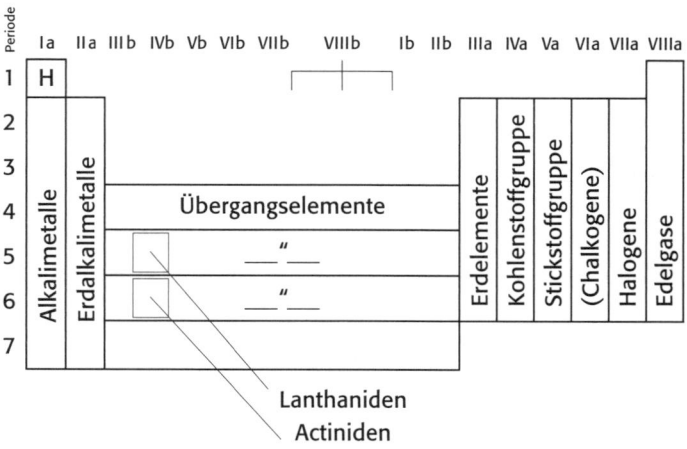

Tab. 4: Namen der Gruppen im PSE

Diese Tabelle zeigt ein vereinfachtes Periodensystem, in dem die einzelnen Elemente nicht aufgelistet sind. Sie gibt einen Überblick über Perioden- und Gruppennummer sowie über die Namen der einzelnen Gruppen. Auf die sogenannten

Übergangselemente sowie die Lanthaniden und Actiniden, bei denen in den Atomen unbesetzte Elektronenplätze der vorletzten Schale aufgefüllt werden, wird in dieser Einführung nicht eingegangen. Hierzu zählen so prominente Vertreter wie Gold, Silber, Platin, Kupfer oder Eisen – überhaupt fast alle Metalle. Im Kapitel über Metalle werden wir kurz auf deren charakteristische Eigenschaften eingehen, die anhand ihrer Stellung im Periodensystem verdeutlicht werden kann.

Welche Möglichkeiten haben die Atome, um ihre äußeren Schalen zu komplettieren? Weiter oben wurde gesagt, dass die Berechnung der Elektronenanzahl nur die maximal mögliche Anzahl der Elektronen auf einer Schale angibt. Ist es denn nun ganz gleichgültig, ob die äußere Schale vollbesetzt ist oder nicht?

Alle Verbindungen, die uns umgeben – mehr noch: alle Verbindungen, aus denen wir bestehen – sind im Wesentlichen durch Reaktionen entstanden, bei denen lediglich die Außenelektronen der beteiligten Atome untereinander in Verbindung getreten sind.

So betrachtet ist es nicht ganz unerheblich, wie viele Außenelektronen ein Atom auf der wievielten Schale hat.

Halten wir das zuvor Beschriebene als Prinzip fest: [9]

> Alle chemischen Reaktionen finden im Wesentlichen zwischen den Außenelektronen der beteiligten Atome statt. Die Neutronen und Protonen sind niemals direkt beteiligt und auch die Elektronen der inneren Schalen spielen bei den meisten Reaktionen eine eher untergeordnete Rolle.

Eine weitere Regel[10] – die sogenannte *Oktettregel*[11,12] – hilft beim Verständnis des Aufbaus von Materie und dem Ablauf chemischer Reaktionen weiter:

Vollbesetzte Elektronenschalen sind besonders stabil und werden durch chemische Reaktionen angestrebt. Bevorzugt sind auf der ersten, also der innersten Schale zwei Elektronen und auf der zweiten Schale acht Elektronen (was der Oktettregel den Namen gibt). Auf den folgenden Schalen enthalten die vollbesetzten Schalen – entsprechend der Größe der Schalen – mehr Elektronen.

Beim Blick auf das Periodensystem fällt auf, dass nur Atome einer einzigen Gruppe diese bevorzugte Anzahl an Außenelektronen aufweist – die sogenannten Edelgase. Dabei handelt es sich um die gasförmigen Elemente Helium (He), Neon (Ne), Argon (Ar), Krypton (Kr), Xenon (Xe) und Radon (Rn), die alle einatomig aufgebaut sind, d.h. die Edelgase bestehen aus Atomen, die mit keinem anderen Atom eine Verbindung eingehen. Der Grund ist verständlich: Sie haben bereits die angestrebte vollbesetzte Außenschale und müssen diese erst gar nicht durch eine Verbindung mit anderen Atomen erreichen. Daher sind Edelgasatome äußerst reaktionsträge, was in der Chemie häufig mit dem Adjektiv „edel" in Zusammenhang gebracht wird: Edelgase, Edelmetalle.[13]

Alle anderen Atome müssen mit weniger Außenelektronen auskommen. So haben die Halogene, die Gruppe mit der Ziffer VII, lediglich sieben Außenelektronen, die Gruppe mit der Ziffer I, die Alkalimetalle, sogar nur ein Außenelektron. Die Erdalkalimetalle in der zweiten Gruppe haben zwei Außenelektronen in der letzten Schale etc. Diese „unterbesetzte"

Anzahl an Außenelektronen ist – rein zweckmäßig betrachtet – ein Glücksfall, denn sonst wären chemische Reaktionen und damit das extrem breite Spektrum unterschiedlicher Verbindungen, kurzum: wären Kosmos, Erde, Natur und Leben nicht möglich und die Welt bestünde aus reaktionsträgen einatomigen Gasen.

Von einer „Handvoll" verschiedener Atome zu Millionen unterschiedlicher Verbindungen

Aus lediglich 111 heute bereits bekannten Atomen (diese jedoch jeweils in unendlichen Mengen vorkommend – da wurde nicht gespart!) ist die gesamte Materie aufgebaut. Dabei folgen die einzelnen Atome bestimmten „Spielregeln". Die Atome können untereinander Verbindungen eingehen.

Kommen wir zunächst noch einmal auf den Lego®-Kasten zurück: Auch beim Bau komplexer Konstruktionen verändern sich die einzelnen Bausteine selbst nicht. Sie können z. B. als roter oder weißer Baustein etwa in einer Brückenkonstruktion identifiziert werden. Anders bei den Atomen:

> Wenn unterschiedliche Atome miteinander reagieren, verlieren sie ihre ursprünglichen Eigenschaften und tragen zu den Eigenschaften einer neuen Verbindung bei.

So besteht die Verbindung Wasser aus einem Sauerstoffatom und zwei Wasserstoffatomen. Sowohl Sauerstoff als auch Wasserstoff sind als Element unter Normalbedingungen gasförmig[1], Wasser ist dagegen flüssig, um nur eine charakteristische Eigenschaft der Verbindung Wasser im Unterschied zu den Ausgangsstoffen Wasserstoff und Sauerstoff zu nennen.

Die Triebfeder für die Bildung chemischer Verbindungen aus Atomen ist aus dem zuvor Gesagten einfach zu verstehen: Chemische Verbindungen erfolgen, damit die äußerste Schale der an der Bindung beteiligten Atome komplettiert werden kann. Dazu kennt die Natur der chemischen Bindung insbesondere zwei Wege – die Ionenbindung und die Atombindung.[2] Beide wollen wir uns im Folgenden etwas genauer anschauen.

Immer spröde: Die Ionenbindung

Wie Sie bereits wissen, haben die Atome der ersten Gruppe des Periodensystems ein Außenelektron und die Atome in der siebten Gruppe sieben Außenelektronen. Wenn ein Atom der einen Gruppe und eines der anderen Gruppe zusammenfinden, dann ist die Komplettierung der äußersten Schale für beide Atome leicht erfüllt:

Dazu gibt das Atom der ersten Gruppe das Außenelektron an das Atom der siebten Gruppe ab. Diese Abgabe des Elektrons hat Konsequenzen für die Ladung des abgebenden Atoms: Es wird dadurch positiv geladen (*Kation*). Das elektronaufnehmende Atom erhält ebenfalls eine Ladung. Es wird dabei negativ geladen (*Anion*).

Was haben beide Atome durch diesen Elektronenübergang gewonnen? Sehr viel! Das abgebende Atom hat nun eine komplette äußere Schale, nachdem die Schale mit dem einen Elektron nicht mehr benötigt wird. Das elektronenaufnehmende Atom hat ebenfalls eine komplette Schale und erfüllt damit die Oktettregel.

Schauen wir uns die Ionenbindung einmal an einem typischen Vertreter an, den Sie alle bestens kennen – am Kochsalz Natriumchlorid:

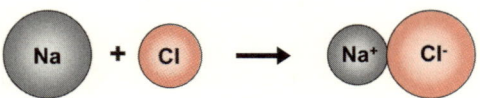

Das Atom Natrium gibt ein Außenelektron an das Atom Chlor ab. Es bildet sich das einfach positiv geladene Kation Natrium sowie das einfach negativ geladene Anion Chlorid, wobei die Endung id ein Hinweis darauf ist, dass sich aus dem Atom Chlor ein Anion gebildet hat.

Halten wir in einem Merksatz fest:

> Gibt ein Atom ein Elektron ab, so entsteht ein positiv geladenes Kation, nimmt ein Atom ein Elektron auf, so entsteht ein negativ geladenes Anion.

Da Natrium ein Elektron abgibt, wird der Radius des entstehenden Kations deutlich verringert, denn die äußerste Schale wird nun nicht mehr besetzt. Zudem ist im Kern ein Proton mehr als Elektronen enthalten, so dass die Anziehungskraft auf die verbliebenen Elektronen stärker wirkt. Bei den Anionen nimmt der Radius im Vergleich zu den entsprechenden Atomen deutlich zu, da im Kern ein Proton weniger enthalten ist, so dass die Anziehungskraft abgeschwächt ist.

Wenn sich anstelle von Natrium Magnesium mit Chlor verbindet, so gibt Magnesium zwei Elektronen ab; benötigt werden dann zwei Chloratome, die jeweils ein Elektron des Magnesiums aufnehmen.

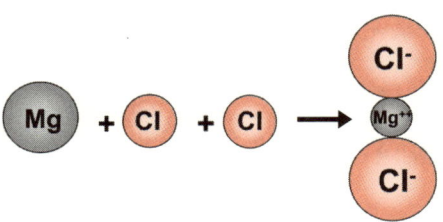

Sie erinnern sich: Entgegengesetzte Ladungen ziehen sich gegenseitig an. Daher sind Kationen und Anionen nicht beliebig weit voneinander entfernt, sondern dicht beieinander. Da zudem niemals nur ein Atom mit einem zweiten Atom reagiert, sondern gleich unzählige Atome an einer chemischen Reaktion beteiligt sind, bildet sich aus den entstandenen Kationen und Anionen ein **Ionengitter**, bei dem sich jeweils ein Kation mit einem Anion abwechselt.

 Kommen wir zurück zum Alltag: Vielleicht ist nach so viel Theorie ein Gang in die Küche ganz erholsam. Nehmen Sie doch mal ein paar Körnchen Salz genau in Augenschein: Kochsalz ist fest und kristallin[3].

Sie erinnern sich an das Modell der unterschiedlichen Abstraktionsebenen (S. 34 f.). Weil Sie inzwischen wissen, was im atomaren Bereich geschieht, können Sie die Eigenschaften deuten, die Sie an den Salzkörnern wahrnehmen –

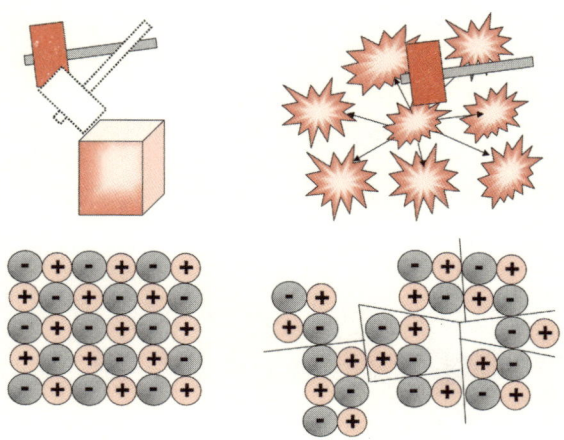

Abb. 4: Salze sind spröde

und darüber hinaus vielleicht überrascht feststellen, dass die Grundlagen der Chemie sehr viel mit Ihrem Alltag zu tun haben.

Kochsalz ist fest, weil sich zwischen den Kationen und Anionen aufgrund der starken Anziehung ein stabiles Gitter ausbildet. Es ist spröde, weil das Gitter durch Druck gestört werden kann und gleich geladene Ionen nebeneinander zum Liegen kommen, die sich sofort abstoßen. Im Unterschied etwa zu Wachs kann Salz daher niemals verformt, sondern nur gespalten werden.

Wenn Sie das Periodensystem betrachten, können Sie leicht sehen, dass es neben Natriumchlorid und Magnesiumchlorid noch eine Vielzahl weiterer Kombinationsmöglichkeiten zwischen Atomen mit nur wenigen Außenelektronen und Atomen mit vielen Außenelektronen gibt:

Kaliumfluorid (K^+F^-), Calciumoxid ($Ca^{2+}O^{2-}$) oder Bariumbromid ($Ba^{2+}Br^{2-}$) sind weitere Beispiele aus der Vielfalt unterschiedlicher Ionenbindungen. Es gibt auch Ionenbindungen zwischen Atomen der zweiten Gruppe und Atomen der fünften Gruppe – etwa zwischen Calcium und Phosphor – doch das Tüfteln darüber, wie die Ionenbindung jeweils genau aufgebaut ist, überlasse ich nun Ihnen – Sie sind ja nun schon keine blutigen Anfänger mehr.

Allein die oben angeführten Beispiele für Kombinationsmöglichkeiten zu Ionenbindungen lassen erahnen, wie sich durch chemische Bindungen aus der überschaubaren Zahl von Atomen Millionen unterschiedlicher Verbindungen bilden können.

Sind die Eigenschaften der hier aufgeführten Ionenbindungen nun alle ähnlich, oder unterscheiden sie sich grundlegend voneinander? Da es sich bei allen diesen Verbindungen um Ionengitter handelt, in denen sich Kationen und Anionen gegenseitig anziehen, haben sie auf stofflicher Ebene allesamt die gleichen Eigenschaften: Sie sind kristallin und spröde.

Auch wenn die Eigenschaften bei allen Ionenverbindungen in punkto „fest", „kristallin", und „spröde" vergleichbar sind – die Reaktionen, die während der Entstehung der Ionenbindungen zu beobachten sind, können recht unterschiedlich sein. Zwei Faktoren spielen dabei eine Rolle: Zum einen die Anzahl der beteiligten Außenelektronen: Je weniger Außenelektronen beteiligt sind, desto heftiger reagieren die Stoffe. So setzen sich Natriumatome, die nur ein Außenelektron abgeben können, sehr intensiv mit Chloratomen um, die nur noch ein Elektron zum Erreichen einer Achterschale aufzunehmen brauchen. Aluminium- und Phosphoratome mit drei abzugebenden bzw. aufzunehmenden Elektronen reagieren dagegen wesentlich weniger intensiv miteinander.

Zum anderen ist die Entfernung der Außenelektronen vom Kern entscheidend: Je weiter entfernt die Außenelektronen vom Kern sind, desto weniger werden sie von ihm angezogen und desto leichter können sie abgegeben werden, d. h. die Reaktion verläuft stürmischer.

Je heftiger die Reaktion bei der Bildung der Ionenbindung abläuft, umso stabiler sind die Verbindungen. Auf diese Zusammenhänge der Stabilität von Verbindungen und auf die Reaktionsgeschwindigkeit gehen wir im Kapitel „Entropie und Enthalpie ..." ab S. 117 näher ein.

Wenn Elektronen Paare bilden: Die Atombindung

Machen wir doch nochmals eine kleine Pause und schauen uns bei dieser Gelegenheit die Materialien in unserem Raum an. Wir werden feststellen, dass die wenigsten Materialien fest, kristallin und spröde sind. Die Luft, die Sie umgibt und

Ihnen sogar den Weg frei macht, wenn Sie sich fortbewegen, gehört eindeutig nicht dazu, ebensowenig wie das Wasser oder der Fruchtsaft auf dem Tisch. Demnach werden sie wohl kaum aus Ionenbindungen bestehen.

Wir können aus dieser Beobachtung auf eine weitere Möglichkeit der chemischen Bindung schließen. Schauen wir uns diese am Beispiel von Chlor an – auch wenn sich dieses Gas wahrscheinlich nicht in Ihrem Raum befindet und wir wieder ein wenig in die Theorie einsteigen müssen:

Ein Chloratom hat sieben Außenelektronen und damit keine komplett aufgefüllte Schale. Daher ist ein Chloratom bemüht, mit einem anderen Atom Kontakt aufzunehmen, um an ein achtes Elektron zu gelangen. Im Falle von Natrium würde sich eine Ionenbindung bilden, die wir auf den Seiten zuvor erfahren haben.

Was geschieht aber, wenn als einziger weiterer Reaktionspartner nur ein zweites Chloratom zur Verfügung steht? Um es einmal mit menschlichen Begriffen zu beschreiben: Die beiden Atome gehen einen Deal miteinander ein, indem jedes Atom eines seiner sieben Elektronen zur gemeinsamen „Nutzung" anbietet. Diese von jedem Atom zur Verfügung gestellten beiden Elektronen bilden ein gemeinsames Paar von Elektronen, auch als Elektronenpaar bezeichnet, woher auch letztlich der Name der Bindung stammt, nämlich Elektronenpaarbindung. Synonym wird auch die Bezeichnung Atombindung verwendet[4].

Lass uns unsere Elektroden miteinander teilen!

Das Elektronenpaar hält sich zwischen den beiden beteiligten Atomen auf und wird von den positiv geladenen Atomkernen gleichzeitig angezogen, weshalb die Bindungsart recht stabil ist. Durch diesen „Trick" der gemeinsamen Nutzung von einem Elektronenpaar entsteht für jedes Ausgangatom eine stabile vollbesetzte Achter-Schale, da eben jedes Atom für sich in Anspruch nimmt, über das gemeinsame Elektronenpaar zu verfügen.

Ein Elektron in einer Atombindung wird laut Konvention durch einen Punkt symbolisiert, zwei Elektronen durch einen Strich (anstelle einer Aneinanderreihung von Punkten).

Da durch die Bildung eines gemeinsamen Elektronenpaars keine Elektronenübergänge wie im Falle der zuvor beschriebenen Ionenbindung entstehen, liegen bei einer Atombindung auch keine Ladungen und damit auch keine Ionengitter vor.

Am Beispiel der Atombindung von Chlor, bestehend aus zwei Chloratomen, ist zu erkennen, dass diese Einheit eigenständig für sich besteht und keinerlei Wechselwirkung mit weiteren Chloratomen aufbauen muss. Daher ist Chlor gasförmig. Schauen wir uns im Folgenden noch weitere Atombindungen an.

Auch Fluor verfügt über sieben Außenelektronen. Zwischen zwei Atomen Fluor kommt es zum gleichen Deal wie zwischen zwei Chloratomen. Es entstehen auch hier zweiatomige Moleküle. Fluor ist – wie auch Chlor – gasförmig.

Die Luft, die uns umgibt, ist ebenfalls gasförmig.[5] Sie ist ein *Gemisch*, bestehend aus einigen Edelgasen, Stickstoff, Sauerstoff, Kohlenstoffdioxid sowie Wasserdampf, der die Luftfeuchtigkeit bestimmt[6] und vielen weiteren Gaspartikeln, etwa dem Rosenduft, der sich im Garten entfaltet, dem Würstchenduft auf dem Jahrmarkt oder dem Duft eines Parfums, der im Menschengewühl plötzlich in unsere Nase aufsteigt.

Die Zusammensetzung der Luft mit den mengenmäßig wichtigsten Gasen ist in der folgenden Tabelle 5 zusammengestellt.

Stoff	Volumenprozent
Stickstoff	78,08
Sauerstoff	20,95
Argon (Edelgas)	0,933
Kohlenstoffdioxid	0,036[7]
Neon (Edelgas)	0,0018
Helium	0,0005

Tab. 5: Zusammensetzung der Luft

Schauen wir uns einmal im Einzelnen an, warum Luft ein Gas ist.

Dass die Edelgase gasförmig sind und einatomig vorkommen, wurde zuvor (S. 59) schon beschrieben: Sie haben bereits voll besetzte Außenschalen und müssen daher mit anderen Atomen keinerlei Kontakt aufnehmen. Ohne Wechselwirkung mit anderen Atomen sind sie daher in keinem festen Verband vorzufinden und somit gasförmig.

Kommen wir nun zum lebenswichtigen Gas Sauerstoff, dargestellt durch das Symbol O für Oxygenium (lat. = Säurebildner): Sauerstoff (im Periodensystem sechste Gruppe, zweite Periode) hat sechs Außenelektronen auf der zweiten Schale. Was wir dem Periodensystem nicht entnehmen können, ist die Tatsache, dass von den sechs Außenelektronen des Sauerstoffs vier als Elektronenpaare auftreten (darstellbar als Strich pro Elektronenpaar) und zwei Elektronen als einzelne Elektronen, auch einsame Elektronen genannt, vorkommen.

Zwei Sauerstoffatome, von denen jedes zur Komplettierung der äußersten Schale noch zwei Elektronen benötigt, bilden über diese beiden einzelnen Elektronen pro Atom insgesamt zwei Elektronenpaare.

$$\langle O: \ + \ :O \rangle \ \longrightarrow \ \langle O = O \rangle$$

Somit besteht ein Sauerstoffmolekül aus zwei Sauerstoffatomen, ohne Wechselwirkung zu anderen Molekülen, weshalb Sauerstoff unter Normalbedingungen gasförmig ist.

Stickstoff steht in der fünften Gruppe und hat entsprechend fünf Außenelektronen, wobei jedes Stickstoffatom neben einem Elektronenpaar über drei einsame Elektronen verfügt. Wie schon zuvor bei Chlor und Sauerstoff beschrieben, bilden zwei Stickstoffatome – nun über eine Dreifachbindung – eine Atombindung aus. Stickstoff ist gasförmig, weil auch dieses zweiatomige Molekül keinerlei Kontakt zu anderen Molekülen aufnehmen muss.

$$|N\vdots + \vdots N| \rightarrow |N \equiv N|$$

Schauen wir uns schließlich mit Kohlenstoffdioxid den Anteil der Luft an, der einerseits für den sogenannten Treibhauseffekt mitverantwortlich und andererseits für Pflanzen lebensnotwendig ist. Kohlenstoffdioxid besteht aus zwei unterschiedlichen Atomen, nämlich Kohlenstoff und Sauerstoff. Das Kohlenstoffatom verfügt über vier Außenelektronen (das Symbol C für Kohlenstoff ist im Periodensystem in der vierten Gruppe zu finden) und jedes Sauerstoffatom über sechs Außenelektronen, von denen zwei als einsame Elektronen vorliegen.

Mit diesen bildet jedes Sauerstoffatom eine Doppelbindung zum Kohlenstoffatom aus.

$$\cdot \overset{\cdot}{\underset{\cdot}{C}} \cdot \; + \; O\vdots + \vdots O \; \longrightarrow \; O = C = O$$

Wir haben uns die Atombindung lediglich am Beispiel verschiedener Gase angesehen, weil hier das Wesentliche der Bindung ganz klar zu erkennen ist. In flüssigem oder festem Zustand liegen sie vor allem in Verbindungen vor, die wir dem Bereich der Organischen Chemie zuordnen, z. B. als Fette, Proteine oder Kohlenhydrate. Sie bestehen zum großen Teil aus Kohlenstoffatomen, Wasserstoffatomen, Sauerstoffatomen und Stickstoffatomen. Das bedeutet auch: Wir selber bestehen – abgesehen von unseren Knochen – zum größten Teil aus Atombindungen.

Unterscheidung zwischen Anorganischer und Organischer Chemie

Immer dann, wenn ein Wissensgebiet groß erscheint, werden Unterteilungen vorgenommen, um zu klassifizieren, zuzuordnen und voneinander zu unterscheiden, damit die Teilbereiche überschaubarer werden – so auch im Falle der Wissenschaft Chemie. Zu den klassischen Unterteilungen zählen die Disziplinen Anorganische und Organische Chemie, daneben gibt es aber auch die Physikalische Chemie, die Theoretische Chemie, die Komplexchemie, die Kernchemie und viele andere mehr.

Wie aber kam es zu der Einteilung in anorganisch und organisch? Sind anorganische Stoffe der unbelebten Natur und organische der belebten Natur zuzuordnen? Wozu zählt dann aber Wasser, das zu einem hohen Prozentsatz in Lebewesen enthalten ist?

Schauen wir uns die historische Entwicklung der Einteilung von Stoffen einmal an: Eine der ersten Unterteilungen der stofflichen Welt wurde nach den Kriterien „brennbar" und „nicht brennbar" vorgenommen. Holz, Öl, Wachs und Papier beispielsweise sind brennbar; Metalle, Wasser und Luft sind dagegen nicht brennbar.

Zu Beginn des 19. Jahrhunderts tauchte erstmalig von dem schwedischen Chemiker Jöns Jakob Berzelius (1779–1848) die Unterscheidung nach organisch und anorganisch auf. Er prägte den Begriff ‚organisch' für Stoffe, die in Organismen synthetisiert werden und ging davon aus, dass dafür eine geheimnisvolle Lebenskraft, die „vis vitalis" erforderlich sei. Äußerlich erkennbar war die Zuordnung daran, ob Stoffe irreversibel in den gasförmigen Zustand übergehen. So zählte etwa auch Kerzenwachs zu den organischen Stoffen, da die Verbrennungsprodukte nicht wieder in den ursprünglich festen Zustand überführt werden können, während Wasser von einer Zustandsform in die andere wechseln kann und daher zur anorganischen Materie gezählt wurde.

Für nur zwei Jahrzehnte galt dieses Unterscheidungskriterium als sicher und unumstößlich: Alle Stoffe, die eine „vis vitalis" enthalten bzw. in Lebewesen produziert werden, zählten zur Organischen Chemie. Natürlich auch Harnstoff, denn wie sollte ein solches Abbauprodukt künstlich hergestellt werden? – so die Annahme.

Die Einteilung geriet ins Wanken, als es im Jahre 1828 dem deutschen Chemiker Friedrich Wöhler (1800–1882) gelang, Harnstoff künstlich aus Cyansäure und Ammoniak herzustellen, beides Ausgangsstoffe, die eindeutig keine vis vitalis enthielten, weil sie nicht der belebten Natur zugeordnet wurden.

Wöhlers Experiment machte deutlich, dass es eigentlich keine strenge Zuordnung zwischen belebter Natur und organisch bzw. unbelebter Natur und anorganisch gibt; dennoch blieb der Wunsch nach einer Stoffklassifizierung bestehen, um die Überschaubarkeit zu vergrößern.

Heute zählen sämtliche Verbindungen, die Kohlenstoffatome enthalten, zur Organischen Chemie und nur aus historischen Gründen werden Kohlensäure (H_2CO_3) und ihre Salze, die Carbonate wie z. B. Natriumhydrogencarbonat ($NaHCO_3$) sowie Kohlenstoffdioxid (CO_2) zur Anorganischen Chemie gezählt.

Man kennt ca. zehn Millionen organische Verbindungen; dagegen wirkt die Zahl anorganischer Verbindungen mit ca. 100 000 recht klein. Allen organischen Verbindungen ist nicht nur gemeinsam, dass sie aus Kohlenstoffatomen aufgebaut sind, sie bestehen zudem überwiegend aus Atombindungen; Ionenbindungen kommen deutlich seltener vor. Zu den organischen Verbindungen zählen Fette, Kohlenhydrate, Farbstoffe, Arzneimittel, Aromastoffe, Kunststoffe.

Eine noch recht junge Disziplin der Chemie, die Bioanorganische Chemie, stellt eine Art Verknüpfung zwischen Anorganischer und Organischer Chemie her. Auch hier wird deutlich, wie schwierig und uneindeutig die Klassifizierungen sind: Die Bioanorganische Chemie befasst sich mit der Aufklärung der Funktionen anorganischer Verbindungen in Lebensprozessen. So wird hier z. B. die Funktionsweise von Spurenelementen wie Selen auf den menschlichen Organismus untersucht.

Ungleiche Verhältnisse: die Elektronegativität

Wir erinnern uns: Bei zwei gleichen Atomen – wie z. B. Chlor – befindet sich das gemeinsame Elektronenpaar in der Mitte

zwischen den beiden Atomen und wird gleichzeitig von den jeweiligen Atomkernen angezogen[8]. Aber wie verhält es sich bei Kohlenstoffdioxid oder allgemein bei Molekülen, die aus unterschiedlichen Atomen aufgebaut sind? Hat das Sauerstoffatom mit sechs Außenelektronen nicht vielleicht einen größeren Bedarf, zwei Elektronen aufzunehmen als ein Kohlenstoffatom, das mit vier Außenelektronen noch weit von einer Komplettierung der äußersten Schale entfernt ist? Befinden sich im Falle des Kohlenstoffdioxids die bindenden Elektronenpaare genau in der Mitte oder eher auf der Seite der Sauerstoffatome, und wenn ja, liegen dann nicht Ladungen innerhalb einer Atombindung vor?

Tatsächlich finden Ladungsverschiebungen innerhalb von Atombindungen statt, wenn ein Atom in einer Atombindung das bindende Elektronenpaar mehr anzieht als ein anderes Atom: Das Molekül wird polarisiert.

Um festzustellen, ob und in welche Richtung eine Bindung polarisiert ist, verwendet man die sogenannten *Elektronegativitätswerte*, kurz auch als EN-Werte bezeichnet. Das Konzept der Elektronegativität wurde 1932 von Linus Pauling[9] eingeführt, wobei er numerische Werte pro Atomsorte zwischen 0,7 und 4,0 ermittelte und damit das Bestreben eines Atoms in einer Atombindung charakterisierte, das bindende Elektronenpaar an sich zu ziehen. Bei diesen EN-Werten handelt es sich um relative Werte, da definitionsgemäß niemals ein EN-Wert eines Atoms für sich ermittelt werden kann, sondern immer in einer Atombindung mit anderen Atomen gemessen wird. Es wurden nach mathematisch unterschiedlichen Vorgehensweisen zudem verschiedene EN-Wert-Tabellen von Mulliken oder Allred-Rochow aufgestellt, die allerdings nur geringfügig von den Werten Paulings abweichen. Der EN-Wert ist im folgenden Periodensystem zu jedem Atom angegeben.

Elektronegativität ist ein relatives Maß für die Fähigkeit eines Atoms, in einer Atombindung das bindende Elektronenpaar an sich zu ziehen. Je höher der EN-Wert, desto größer ist die Anziehungskraft.

Tab. 6: Elektronegativitätswerte

Periode	Ia	IIa	IIIb	IVb	Vb	VIb	VIIb	VIIIb			Ib	IIb	IIIa	IVa	Va	VIa	VIIa	VIIIa
1	2,1 H																	He
2	1,0 Li	1,5 Be											2,0 B	2,5 C	3,0 N	3,5 O	4,0 F	Ne
3	0,9 Na	1,2 Mg											1,5 Al	1,8 Si	2,1 P	2,5 S	3,0 Cl	Ar
4	0,8 K	1,0 Ca	1,3 Sc	1,5 Ti	1,6 V	1,6 Cr	1,5 Mn	1,8 Fe	1,9 Co	1,8 Ni	1,9 Cu	1,6 Zn	1,6 Ga	1,8 Ge	2,0 As	2,4 Se	3,0 Br	Kr
5	0,8 Rb	1,0 Sr	1,2 Y	1,4 Zr	1,6 Nb	1,8 Mo	1,9 Tc	2,2 Ru	2,2 Rh	2,2 Pd	1,9 Ag	1,7 Cd	1,7 In	1,8 Sn	1,9 Sb	2,1 Te	2,5 I	Xe
6	0,7 Cs	0,9 Ba	1,1	1,3 Hf	1,5 Ta	1,7 W	1,9 Re	2,2 Os	2,2 Ir	2,2 Pt	2,4 Au	1,9 Hg	1,8 Tl	1,9 Pb	1,9 Bi	2,0 Po	2,2 At	Rn
7	0,7 Fr	0,9 Ra																

Atome mit fast komplettierten Elektronenschalen haben einen hohen EN-Wert. So haben die Atome der siebten Gruppe einen Wert zwischen 4,0 für Fluor (F) und 2,2 für Astat (At). Innerhalb einer Gruppe sinkt der Wert in der Regel von oben nach unten. Der Grund liegt in der Anziehungskraft des positiv geladenen Atomkerns auf die Elektronen: Je näher diese sich am Atomkern aufhalten, umso stärker wirkt der Kern auf das bindende Elektronenpaar anziehend. Fluor (zweite Gruppe; siebte Periode) hat nur zwei Schalen; im Unterschied zu Astat mit sechs Schalen wirkt bei Fluor also die Ladung des Atomkerns stärker.

Auch die Atome der sechsten Gruppe haben noch relativ hohe EN-Werte zwischen 3,5 (Sauerstoff) und 2,0 (Polonium), aber schon ein wenig geringere Werte als die siebte Gruppe.

Atome der ersten Gruppe mit nur einem Außenelektron haben nur ein geringes Bestreben, das bindende Elektronenpaar an sich zu ziehen, sind die Atome doch viel mehr daran interessiert, ihr einziges Außenelektron abzugeben. Eine Ausnahme bildet das Wasserstoffatom, das zur Komplettierung seiner einzigen Elektronenschale lediglich noch ein Elektron benötigt. Daher hat es einen relativ hohen EN-Wert von 2,1.

Das klingt zunächst alles ziemlich kompliziert und gar nicht nach einer hilfreichen Prognose darüber, ob eine Atombindung, eine polarisierte Atombindung oder eine Ionenbindung vorliegt.

Der nächste Schritt macht die Vereinfachung deutlich: Die Differenz der EN-Werte (wobei jeweils der niedrigere Wert vom höheren Wert abgezogen wird), zeigt den Grad der Polarisierung an:

Verbinden sich Atome mit gleichen EN-Werten – etwa Chlor mit Chlor – so ist die Ladungsverteilung in der Bindung symmetrisch. Die Differenz zwischen beiden EN-Werten liegt bei 0. Je größer die Differenz der EN-Werte wird, umso polarer ist die Bindung. Wenn die Differenz sehr groß ist, etwa im Fall von Natrium (0,9) und Chlor (3,5), so liegt eine Ionenbindung vor.

> Die Elektronegativitätsdifferenz zwischen zwei Atomen gibt Auskunft über den Grad der Polarisierung.

Als Faustregel kann man sich daran orientieren, dass bei einer Differenz ab 2,0 eine Ionenbindung, zwischen 0,1 und 2 eine polare Bindung und bei Null eine reine Atombindung vorliegt.

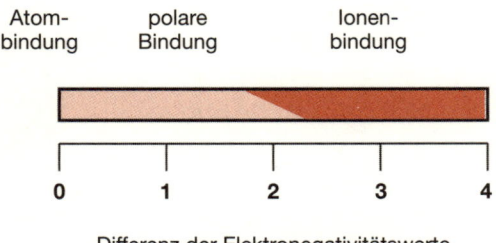

Abb. 5: Zusammenhang zwischen EN-Differenz und Bindungsart

Im Falle von Kohlenstoffdioxid, CO_2, findet zwischen einem Sauerstoffatom (EN-Wert 3,5) und einem Kohlenstoffatom (EN-Wert 2,5) daher tatsächlich eine Ladungsverschiebung des bindenden Elektronenpaars statt, wie wir bereits ein paar Seiten zuvor (auf S. 74) vermutet haben.

$$\text{O} = \text{C} = \text{O}$$

Da dieses Molekül linear, also in einer geraden Linie bzw. in einem Winkel von 180° bezogen auf das Kohlenstoffatom, aufgebaut ist, sind die Ladungen symmetrisch verteilt. Daher kann das eine Molekül Kohlenstoffdioxid nicht mit einem zweiten in Wechselwirkung treten – im Gegenteil: Die negativen Ladungen an den Sauerstoffatomen verhindern geradezu jede Kontaktaufnahme mit einem anderen CO_2-Molekül, denn gleiche Ladungen stoßen sich gegenseitig ab.

Wie wir im Folgenden ausführlich am Beispiel Wasser sehen werden, kann eine polarisierte Atombindung aber auch große Auswirkungen haben: In der Regel führen polarisierte Bindungen, wenn die Ladungen nicht wie im Fall von Kohlenstoffdioxid symmetrisch verteilt sind, zu einer größeren Wechselwirkung zwischen den einzelnen Molekülen, da sich unterschiedliche Ladungen gegenseitig anziehen. Darum „rücken" die einzelnen Moleküle enger zusammen, so dass anstelle des gasförmigen Aggregatzustands eher der flüssige anzutreffen ist.

Noch einmal: Wasser! Ein chemischer Blick auf eine alltägliche und lebensnotwendige Verbindung

Wenden wir uns im Folgenden noch einmal intensiver dem wichtigen Lebensmittel Wasser zu, dem wir schon zu Beginn so viel Aufmerksamkeit geschenkt haben. Nun können wir – im Unterschied zu unserer ersten Annäherung – deutlich mehr in die Tiefe gehen und entsprechend auch detailliertere Erklärungen zu den überraschenden Phänomenen des Wassers verstehen.

Warum ist Wasser flüssig?

Zwischen 0 °C und 100 °C ist Wasser flüssig, und da auf unserem Planeten – mit Ausnahme der Polarregionen, der strengen Winter und natürlich der Gefriertruhen – Temperaturen von über 0 °C herrschen, finden wir Wasser flüssig vor. Das ist so selbstverständlich, dass die Frage nach dem Warum des flüssigen Aggregatzustands geradezu absurd erscheint. Chemisch betrachtet ist diese Frage aber durchaus berechtigt, denn wie wir gleich sehen werden, wären sowohl der feste als auch der gasförmige Aggregatzustand auch zwischen 0 und 100 °C durchaus denkbar, und beides hätte fatale Folgen: Leben in der uns bekannten Form wäre nicht möglich. – Auch wir selber würden uns in der uns bekannten Form im Spiegel kaum wiedererkennen. Damit wir verstehen können, warum Wasser flüssig ist, sollten wir uns ansehen, wie es chemisch aufgebaut ist.

Wasser – H$_2$O und nicht HO$_2$

Dass Wasser die chemische Formel H$_2$O hat, weiß in der Regel auch derjenige, für den die Chemie ansonsten ein Buch mit sieben Siegeln ist. Doch der chemische Hintergrund für diese Formel wird uns, nachdem wir uns auf den letzten 20 Seiten mit dem Atomaufbau und den chemischen Bindungsarten befasst haben, leicht verständlich.

Wenden wir uns zunächst den Dingen zu, die Sie schon kennen – den Atombindungen und der Elektronegativität. Die chemische Formel für Wasser ist H$_2$O. An der Atombindung sind ein Sauerstoff- (O) und zwei Wasserstoffatome (H) beteiligt. Das Sauerstoffatom (sechste Gruppe, zweite Periode) hat auf der zweiten Schale sechs Außenelektronen. Demnach fehlen ihm – wir erinnern uns an die Oktettregel (S. 59) – zur Komplettierung der äußeren Schale noch zwei Elektronen.

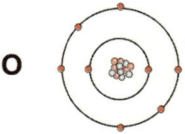

Wie wir bereits wissen, gilt die erste Schale eines Atoms als besonders stabil, wenn sich dort zwei Elektronen befinden. Zur Komplettierung der Schale benötigt Wasserstoff (H: erste Gruppe, erste Periode) also noch ein Elektron.

Zwischen einem Sauerstoffatom und einem Wasserstoffatom bildet sich eine Atombindung mit einem gemeinsamen bindenden Elektronenpaar aus. Allerdings reicht **ein** Wasserstoffatom nicht aus, um die Außenschale des Sauerstoffs auf acht Elektronen zu komplettieren; ein **zweites** Wasserstoffatom ist erforderlich. Insgesamt bildet sich ein Wassermolekül demnach aus einem Sauerstoffatom und zwei Wasserstoffatomen.

Laut Vereinbarung wird dieser Sachverhalt in einer international gut verständlichen Formelschreibweise wiedergegeben, die für Chemiker aller Nationen – egal welches Schriftsystem ihren Sprachen zugrunde liegt – leicht lesbar ist, jedoch oft eher an eine Art Geheimsprache erinnert. Dem Unkundigen fehlt lediglich der Schlüssel zu dieser Sprache, der Ihnen im Folgenden am Beispiel Wasser überreicht werden soll.[1]

Bei der Formelschreibweise werden die Symbole des Periodensystems verwendet: Also O für Sauerstoff und H für Wasserstoff. Die Anzahl der jeweiligen Atomsorten werden als Ziffer wiedergegeben und direkt hinter der Atomsorte als Suffix angefügt, wobei die Ziffer eins entfällt, d.h. wenn keine Ziffer genannt wird, enthält die Verbindung diese Atomsorte nur einmal: Aus der Formel H_2O können Sie nun leicht ersehen, dass die Verbindung aus zwei Wasserstoffatomen und einem Sauerstoffatom besteht.[2]

Wie können wir erkennen, ob es sich bei H_2O um eine reine Atombindung oder eine polare Bindung handelt und wie können wir sicher sagen, dass keineswegs eine Ionenbindung vorliegt und Wasser also nicht fest, kristallin und spröde sein kann? Richtig: Wir sehen uns die EN-Werte im Periodensystem an. Die EN-Differenz zwischen O (3,5) und H (2,1) beträgt 1,4 (jede Differenz wird einzeln betrachtet, da es sich ja auch um jeweils unabhängige Elektronenpaarbindungen handelt). Wasser ist somit eine polare Verbindung.[3]

Wir haben uns mit dem Molekülaufbau und den EN-Werten der beteiligten Atome befasst und können mit diesem Wissen einen weiteren Aspekt betrachten: Beim Gas CO_2 haben wir den linearen Aufbau eines Moleküls kennen gelernt. Das H_2O-Molekül weist dagegen eine gewinkelte Struktur auf.[4] Dieser Winkel ist von größter Bedeutung für die Ladungsverteilung im Molekül: Es bildet sich ein Dipol aus, also ein Molekül mit zwei unterschiedlichen Ladungen, wobei der negative Teil des Dipols beim Sauerstoff liegt, der positive Teil bei den Wasserstoffatomen. Da die Wasserstoffelektronen nicht ganz an den Sauerstoff übergehen, wird der griechische Buchstabe δ (gesprochen: delta) als Hinweis auf „teilweise" den Ladungen vorangestellt.

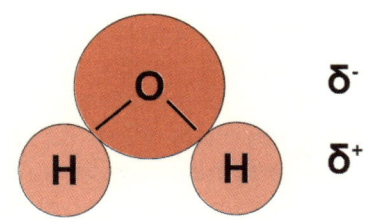

Abb. 6: Wassermolekül als Dipol

Aufgrund dieser Ladungsverteilung bilden sich zwischen H_2O-Molekülen in unmittelbarer Umgebung Anziehungskräfte aus, die die einzelnen Moleküle miteinander verbinden. Dadurch bildet sich im Unterschied zum Gas Kohlenstoffdioxid eine Flüssigkeit – Wasser.

Die gewinkelte Struktur des H_2O-Moleküls ist unabdingbare Voraussetzung für das Leben und dafür, dass jetzt, in diesem Augenblick biochemische Prozesse in unserem Organismus ablaufen können!

Brücken *im* Wasser?
Die Wasserstoffbrückenbindung

In der Regel assoziieren wir mit dem Wort „Brücke" im Zu-
sammenhang mit „Wasser" eher eine Konstruktion, die zwei
Ufer miteinander verbindet. Dass innerhalb des Wassers
Brücken ausgebildet werden, klingt befremdlich, und in der
Tat ist der chemische Ausdruck *Wasserstoffbrückenbindung*
nicht glücklich gewählt, denn im Unterschied zu den stati-
schen Bauten sind diese Bindungen flexibel und ständig im
Wandel. Was genau verbirgt sich hinter diesem Begriff?

Aufgrund der Polarisierung und der Ausbildung des Dipols im einzelnen Wassermolekül bilden sich – wie oben bereits gesagt – Wechselwirkungen zwischen den Molekülen
aus. Positiv polarisierte Wasserstoffatome im H_2O-Molekül
bilden eine „Brücke", d.h. sie üben eine Anziehungskraft auf
das negativ polarisierte Sauerstoffatom eines benachbarten
Wassermoleküls aus. Streng genommen ist im Wasser niemals ein vereinzeltes Wassermolekül anzutreffen – immer
bilden sich größere Ansammlungen von Wassermolekülen,
sogenannte Assoziate.

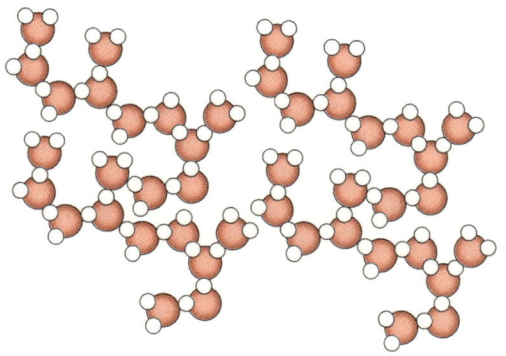

Abb. 7: Wasserstoffbrückenbindung

Die Wasserstoffbrücken innerhalb dieser Assoziate sind ständig im Wandel, werden zwischen zwei Molekülen wieder aufgehoben und mit anderen benachbarten Wassermolekülen erneuert. Allein schon wenn Sie mit Ihrem Löffel im Tee rühren, werden Billionen dieser Brücken kurzfristig gelöst und anschließend „hinter dem Löffel" wieder neu gebildet. Wären die Wasserstoffbrückenbindungen stabil, gäbe es kaum die Möglichkeit, ein Bad zu nehmen, da man **auf** dem Wasser sitzen würde; das Eintauchen ist nur möglich, weil wir durch unser Körpergewicht die Wasserstoffbrücken durchbrechen und diese mit anderen Wassermolekülen an Stellen, an denen unser Körper nicht „stört", wieder ausgebildet werden.

Diese Wasserstoffbrückenbindungen sind es auch, die das Wasser-Kochen so lange hinauszögern. Erinnern Sie sich noch an die zu Beginn (auf S. 27 f.) aufgestellte Behauptung, dass Wasser zu kochen gar nicht so einfach ist, weil es eine Menge Geduld erfordert? Wer das Experiment „Eiswasser zum Kochen bringen" durchgeführt hat, wird sicherlich noch im Gedächtnis haben, wie lange es dauert, bis wirklich 100 °C erreicht werden. Einer der Gründe dafür liegt in der Verdunstungskälte, die immer wieder dazu führt, dass die Wassertemperatur ein klein wenig sinkt. Ein Grund dafür, dass Wasser aber überhaupt einen so hohen Siedepunkt hat, liegt in der Wasserstoffbrückenbindung, die beim Kochvorgang gelöst werden muss. Ohne Wasserstoffbrückenbindung, also für den Fall, dass Wasser linear aufgebaut wäre und sich keine Dipole ausbilden könnten, läge der Siedepunkt bei ca. − 80 °C (Kaffee ließe sich dann zwar schneller kochen, aber Leben wäre bei Normaltemperatur schlichtweg unmöglich, weil nur noch Wasserdampf anzutreffen wäre).

Wie kommt das Salz ins Meer?
Löslichkeit von Feststoffen in Wasser

Verfolgen wir die außergewöhnlichen, durch den chemischen Aufbau bedingten Eigenschaften des Wassers noch ein bisschen weiter und kehren wir zu der Frage zurück, die für uns die Auseinandersetzung mit dem Atomaufbau und den Bindungsarten notwendig machte: Warum lösen sich Zucker und Salz in Wasser? (Vgl. S. 31). Damit sind wir erneut bei einer lebensentscheidenden Frage angelangt, denn ohne Zucker (Blutzuckerspiegel) und Salze (z. B. als Elektrolyte für Nervenleitungen) könnten wir nicht leben.

Beginnen wir mit dem Zucker, also der handelsüblichen Saccharose.[5] Sie löst sich in Wasser bei Raumtemperatur zwar nicht so schnell wie in heißem Wasser – ein Phänomen, auf das wir noch zu sprechen kommen werden – aber nach einigen Minuten ist der Löseprozess – abhängig von Zucker- und Wassermenge – abgeschlossen. Warum löst sich Zucker relativ gut? Das Prinzip „Gleiches löst sich in Gleichem" gibt einen Hinweis darauf, aber auch der Trivialname für Zucker, „Kohlenhydrat", hilft hier weiter. Nun ist im Zucker zwar kein ungebundenes Wasser enthalten, wie der Name vielleicht vermuten lässt, aber er enthält wasserähnliche Strukturen, sogenannte Hydroxylgruppen, bestehend aus Sauerstoff- und Wasserstoffatomen, die in der folgenden Abbildung im Zuckermolekül gekennzeichnet sind.

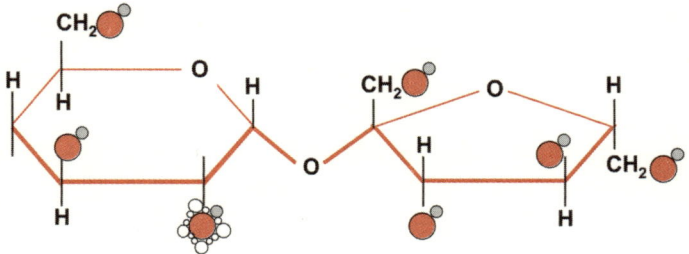

Abb. 8: Löslichkeit von Zucker in Wasser. Die einzelnen Hydroxylgruppen (OH-Gruppen) des Zuckers sind als orangefarbene Kugeln für Sauerstoff und als graue Kugeln für Wasserstoff dargestellt. An der sich links unten befindlichen Hydroxylgruppe ist die Anlagerung von Wasser dargestellt.

Auch diese Hydroxylgruppen bewirken aufgrund der Elektronegativitätsdifferenz zwischen Sauerstoff und Wasserstoff eine Polarisierung, wobei der Sauerstoff teilweise negativ, der Wasserstoff teilweise positiv geladen ist. Nun ist der Schritt zum Verständnis der leichten Löslichkeit von Zucker in Wasser ganz einfach: Wasser lagert sich an den Hydroxylgruppen an und es bilden sich Wasserstoffbrückenbindungen aus. Man sagt auch: es bildet sich eine Hydrathülle, womit gemeint ist, dass Wasser die Zuckermoleküle umschließt und aus dem großen Zuckerverband herauslöst.

Das Prinzip „Gleiches löst sich in Gleichem" oder „kugelige Strukturen lösen sich in kugeligen Strukturen" (Erklärung auf S. 31) ist nun auf einer „tieferen", nämlich der Ebene chemischer Bindungen verständlich: Verbindungen mit einem hohen Anteil polarisierter Bindungen lösen sich in polaren Lösungsmitteln, also in Wasser. In einem nicht-polaren Lösungsmittel sind polare Verbindungen unlöslich.

Falls Sie's nicht glauben: Führen Sie doch einmal folgenden Langzeitversuch durch: Geben Sie einen Zuckerwürfel in ein kleines, mit Salatöl gefülltes Schälchen. Selbst nach

Jahren wird sich der Zuckerwürfel nicht lösen, denn Öl ist unpolar!

Und warum lösen sich Salze in Wasser – wenn auch deutlich langsamer als Zucker? Erinnern Sie sich an die Ionenbindung, die wir uns im Zusammenhang mit Kochsalz angesehen haben (S. 62 f.)? Positiv geladene Natrium-Ionen sind hier dicht neben negativ geladenen Chlorid-Ionen zu einem festen Gitter verbunden. Wasser – wie wir wissen, eine polare Verbindung – lagert sich an der Oberfläche dieses Ionengitters an, wobei der negativ polarisierte Sauerstoff von den Natrium-Ionen angezogen wird und zwischen den positiv polarisierten Wasserstoffatomen und den Chlorid-Ionen eine Wechselwirkung entsteht. Allmählich werden die Ionen aus dem Gitter gelöst und sogleich vollständig „von allen Seiten" mit Wasser umhüllt. Es bildet sich eine Hydrathülle.

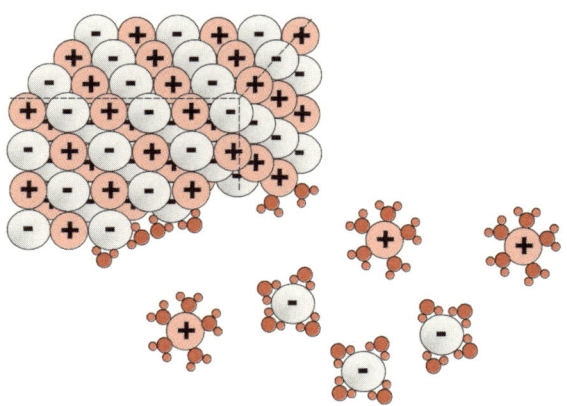

Abb. 9: Lösungsprozess von Salz-Ionen aus einem Salzkristall am Beispiel NaCl.

Nun sind aber bei weitem nicht alle Salze wasserlöslich! Bariumsalze sind hochgiftig und dennoch wird das Salz Bariumsulfat schon seit Jahren erfolgreich als Röntgenkontrastmittel (Röntgenbaryt) eingesetzt, weil sich die Nuklearmediziner und Röntgenärzte absolut darauf verlassen können, dass es sich nicht im Körper des Patienten löst, obwohl sich doch im Blut so viel Wasser, also polares Lösungsmittel befindet. Worauf beruht diese – zum Glück – zuverlässige Unlöslichkeit?

Ob ein Salz löslich oder nicht löslich ist, hängt u. a. davon ab, wie fest die Ionen im Gitter gebunden sind, d.h. wie fest sie sich gegenseitig anziehen. Sind die beteiligten Ionen nicht nur einfach negativ bzw. einfach positiv geladen sondern mehrfach geladen, weil gleich mehrere Elektronen gewechselt sind, dann ist die Anziehungskraft zwischen den Ionen deutlich stärker. Barium (Symbol Ba) steht in der zweiten Gruppe und hat demnach zwei Außenelektronen, die es an die Sulfatgruppe (ein komplexes Gebilde aus einem Schwefel- und vier Sauerstoffatomen SO_4^{2-}) abgeben kann.

Wenn die Anziehung der Ionen im Gitter so stark ist, dass es dem Wasser nicht mehr gelingt, dagegen anzukommen und die Ionen aus dem Gitterverband herauszulösen, dann spricht man von unlöslichen Salzen.

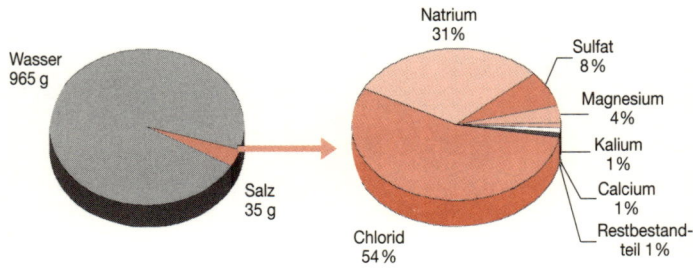

Abb. 10: Anteile der unterschiedlichen Salze im Meerwasser

... und wie kommt das Salz ins Meer? Durch Lösungen von Ionenbindungen aufgrund des polaren Charakters des Wassers![6]

In einem Liter Meerwasser sind durchschnittlich 28 Gramm Natriumchlorid, sieben Gramm Magnesiumsulfat, fünf Gramm Magnesiumchlorid, 2,4 Gramm Calciumchlorid, 0,2 Gramm Natriumhydrogencarbonat enthalten.

Können Lösungen „satt" sein?
Über das Phänomen gesättigter Lösungen

Wenn Sie Salz ins Wasser geben, so löst es sich – wie wir vorhin gesehen haben – langsam und allmählich auf, indem die einzelnen Ionen aus dem Gitter gelöst und vom Wasser mit einer Hydrathülle umgeben 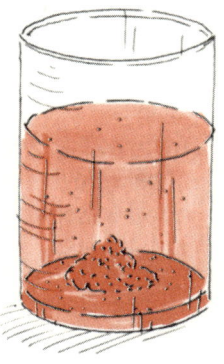 werden. Wenn wir nun aber weiter Salz hinzugeben, wird irgendwann der Punkt erreicht, an dem Wasser keine weiteren Ionen herauslösen und umhüllen – man sagt auch hydratisieren – kann; das Salz sinkt dann ungelöst zu Boden. Wir sprechen dann auch von einem Bodenkörper. Wenn dies geschieht, hat die darüber stehende Lösung die maximale Menge Salz aufgenommen. Es liegt eine gesättigte Lösung vor. Dabei stehen das ungelöste Salz und die in der gesättigten Lösung befindlichen, von einer Hydrathülle umgebenen Ionen in einem ständigen Austausch, man spricht auch von einem dynamischen Gleichgewicht. Ständig gehen einzelne Ionen aus dem Bodenkörper in Lösung und genauso viele Ionen lagern sich aus der Lösung im Bodenkörper ab. Diese Art von Gleichgewicht ist für chemische Reaktionen charakteristisch: Zwischen den in einem System befindlichen Reaktionspartnern findet eine ständiger Austausch statt, ein starres, statisches System liegt kaum vor.

Wann eine Lösung gesättigt ist, hängt zum einen vom Lösungsmittel ab, zum anderen von der gelösten Substanz. Die Substanzmenge, die sich in einem Lösungsmittel gerade noch lösen kann, Löslichkeit genannt, wird daher in Gramm pro Liter Lösungsmittel und immer bei 20 °C angegeben (g/L Wasser, 20 °C). Eine Temperaturerhöhung erhöht in der Regel die Löslichkeit. Die Löslichkeit von Zucker (Saccharose) beträgt 2020 g/L Wasser, die von Kochsalz (Natriumchlorid) 358 g/L Wasser, sie ist also deutlich geringer, was physiologisch gesehen sinnvoll ist, denn während unser Körper einen großen Bedarf an Kohlenhydraten hat, können schon wenige Gramm Kochsalz gesundheitsschädlich sein; lediglich für unsere Nervenleitungen werden äußerst geringe Mengen benötigt.[7]

Die Sprache der Chemie – zwischen Nüchternheit und Beseelung

Es fällt auf, dass die Wissenschaftssprache der Chemie trotz aller Sachlichkeit und Nüchternheit bisweilen mit vermenschlichten Begriffen sogenannten Anthropomorphismen überrascht. Ein Beispiel dafür ist der Begriff „gesättigte Lösung", denn natürlich ist eine Lösung nicht satt, zumal zwischen Bodenkörper und gelösten Ionen ein ständiger Austausch stattfindet. Weitere Formulierungen, die von der gewohnten Sachlichkeit der Wissenschaftssprache abrücken, sind etwa: „Das Atom ist bestrebt, seine äußere Schale zu komplettieren."

Auch der Begriff ‚Wasserstoffbrückenbindung‘, den wir im vorigen Kapitel kennen gelernt haben, weckt tendenziell falsche Vorstellungen – denn mit einer statischen Konstruktion hat diese Bindung gar nichts zu tun. Zudem wird dieser Begriff aus einem anderen Gebiet entlehnt und zählt damit zu den Metaphern, bei denen Bedeutungen aus einem anderen Kontext herangezogen werden.

In dieser Chemie-Einführung finden Sie bei komplexen Erklärungen hin und wieder sprachliche Formulierungen, die sachlich nicht unmittelbar dem Naturphänomen entsprechen, sondern vermenschlicht wurden oder metaphorisch sind.

Diese Vorgehensweise war über viele Jahre hinweg didaktisch und wissenschaftlich umstritten – wird doch damit möglicherweise eine unangemessene Sichtweise der Naturphänomene und ihrer Deutungen suggeriert. Heute steht man den animistischen[8] Erklärungsweisen – auch im Unterricht – positiver gegenüber, ist es doch ohnehin unmöglich, in der Wissenschaftssprache frei von Metaphern zu kommunizieren, solange es Begriffe wie ‚gesättigte Lösungen‘, ‚Wasserstoffbrückenbindungen‘ oder sogar ‚einsame Elektronenpaare‘ und ‚nackte Atome‘ gibt! Ein weiteres – entscheidendes – Argument liegt darin, dass durch eine metaphorische Sprache die Verständlichkeit gefördert wird, ist es dem Lesenden doch in der Regel deutlich, dass es sich um eine Übertragung handelt, die rein didaktischen Zwecken dient.

Es ist nicht alles Gold, was glänzt: Metalle und ihre Eigenschaften

Bei einem Rundblick in Ihrer unmittelbaren Umgebung fallen Ihnen bestimmt Gegenstände auf, die Sie eindeutig den Metallen zuordnen können: Die Türklinke beispielsweise, Ihre Uhr, Fenstergriffe, das Gehäuse Ihres Notebooks oder der Bilderrahmen. Falls Sie sich gerade in einer Küche befinden, sind Sie von metallischen Gerätschaften geradezu umzingelt: Kochgeschirr und Besteck, Wasserhahn, Wasserkocher und Herd. In der Regel sind Metalle sehr einfach zu identifizieren: Sie sind fest und glänzen. Wenn wir uns näher mit ihnen befassen, zeigen sie weitere Eigenschaften: Sie sind wärmeleitfähig, weshalb wir z. B. einen Löffel in ein Teeglas geben, bevor wir den heißen Tee zugießen. Der Löffel leitet einen Teil der Wärme sofort ab, so dass das Teeglas nicht zerspringt. Wenn wir eine dünne Metallfolie in der Hand halten, lässt sie sich leicht verformen – etwa die Alufolie, mit der wir Speisen abdecken können, weil die Folie sich der Form des Geschirrs und der Speisen anpasst. Anders als etwa Salze sind Metalle nicht spröde, zerspringen also nicht, wenn wir etwa auf ein Metallstück Druck ausüben. Was sich unserer Wahrnehmung nicht unmittelbar aufdrängt, aber dennoch in jedem Haushalt von großer Tragweite ist: Metalle leiten den elektrischen Strom. Deshalb ist jedes Elektrokabel mit Kupferdrähten ausgestattet, denn Kupfer leitet den elektrischen Strom besonders gut. Dem bloßen Auge entziehen sich auch die metallischen Elektronikteile, die heute nahezu über Wohl und Wehe unseres Alltags bestimmen.

So speichere ich augenblicklich, während ich dieses Buch schreibe, vorausschauend jede Seite sofort ab, denn ich traue meiner Festplatte, aus Silicium und anderen Metallen bestehend, nicht mehr so recht.

Metalle hatten seit jeher eine besondere Bedeutung für die Menschheit. Drei von ihnen haben Epochen der Menschheitsgeschichte ihren Namen gegeben: Man spricht von der Kupfer-, der Bronze- oder der Eisenzeit.[1] In vielen Kulturkreisen gibt es die Vorstellung vom „Goldenen Zeitalter", einem paradiesischen Zustand der Erde, das allmählich überging ins „Silberne Zeitalter" und dann ins „Erzene Zeitalter", in dem wir uns jetzt befinden. Insbesondere Gold und Silber werden bis heute für Kultgegenstände verwendet. Metalle zählen zu den ersten Elementen, die bereits in der Antike bekannt waren, nämlich Gold, Silber, Kupfer, Zinn, Eisen, Blei und Quecksilber (vgl. S. 49).

Metalle	alchimistisches Symbol	Planet/Gestirn
Gold	☉	Sonne
Silber	☾	Mond
Kupfer	♀	Venus
Zinn	♃	Jupiter
Blei	♄	Saturn
Eisen	♂	Mars
Quecksilber	☿	Merkur

Tab. 7: Symbolische Zuordnung von Metallen zu Zeiten der alchimistischen Kosmologie

In der Alchimie wurden dieselben Symbole sowohl für die Metalle als auch für die Planeten verwendet. Wie Tabelle 7 zeigt, wurde für Venus und Kupfer das noch heute gängige Zeichen für „weiblich" verwendet, für Mars und Eisen das Zeichen für „männlich".

Die große Bedeutung der Metalle macht folgendes Zahlenverhältnis deutlich: Von den 111 bekannten Elementen sind 80 Prozent Metalle! Manche von ihnen führen ein Schattendasein, etwa weil sie mengenmäßig kaum vorkommen, wie etwa das radioaktive Metall Astat (Symbol At, siebte Gruppe, sechste Periode). Die Gesamtmenge an Astat in der Erdkruste liegt bei nur ca. 25 Gramm! Damit ist es das seltenste natürliche Element überhaupt auf der Erde. Manche Metalle haben nur eine geringe Bedeutung bei der technischen Anwendung, wie z. B. Scandium (Symbol Sc). Eine Vielzahl von Metallen ist jedoch – auch im alltäglichen Leben – unverzichtbar und spielt u.a. auch als Spurenelemente in unserem Körper eine wichtige Rolle, so z. B. Selen (Se), Chrom (Cr), Kupfer (Cu) oder Nickel (Ni) (s. Kasten S. 105 ff.).

Sie können sich einen Eindruck über die Vielzahl der Metalle verschaffen, indem Sie das Periodensystem zur Hand nehmen und eine gedachte Diagonale von oben links nach unten rechts ziehen. Die Metalle befinden sich unterhalb dieser Diagonale (in Tabelle 8 hellorange dargestellt).

Was Metalle im Inneren zusammenhält

Wie kommt es zu den charakteristischen Eigenschaften der Metalle: Glanz, Verformbarkeit[2], Wärmeleitfähigkeit und elektrische Leitfähigkeit?

Überlegen wir einmal, ob es zwischen den Atomen der Metalle zu einer Ionenbindung kommen kann. – Nein, denn Metalle sind nicht spröde und kristallin. Ist eine Atombindung denkbar? – Auch nicht, denn diese Verbindungen sind gasförmig, flüssig und wenn sie fest sind, dann haben sie in der Regel keine harte Konsistenz.

Zum Glück haben wir in den vorigen Kapiteln so viel über den Aufbau der Atome gehört, dass die Deutung der metallischen Bindung nun ein vergleichsweise kleiner Schritt ist.

Lenken wir unseren Blick zunächst einmal auf die Außenelektronen der Metalle, denn wie wir bereits wissen, sind gerade sie für die Bindungen und die chemischen Reaktionen zwischen Stoffen verantwortlich.

Sehen wir uns die Anordnung der Metallatome im Periodensystem an. Die Metallatome haben entweder wenige Außenelektronen wie z. B. die Metalle der ersten und zweiten Gruppe (Alkali- und Erdalkalimetalle) oder sie verfügen über viele Außenelektronen auf einer vom Kern sehr weit entfernten Schale. In diesem Fall ist die Anziehung vom Kern nur noch gering und sie können sich leicht lösen.

Wenn nun mehrere Metallatome aufeinander treffen, so können sie zur Erfüllung der Oktettregel keine Ionenbindung eingehen, denn es fehlt ein Partner, der die abgegebenen Elektronen aufnehmen könnte – etwa Chlor. Was nun? Die Metallatome haben eine kreative Lösung gefunden – na ja, sie standen ja auch nicht gerade unter Termindruck: Sie gehen – so ein Erklärungsmodell – folgende Vereinbarung ein:

Jedes Metallatom gibt seine Außenelektronen in ein sogenanntes Elektronengas ab, in dem diese sich frei bewegen und von dem die zurückbleibenden, nun positiv geladenen Metallatomrümpfe umgeben werden. Im Gegensatz zur Ionen- oder Atombindung sind diese Außenelektronen **nicht an ein bestimmtes Atom gebunden**, sondern bewegen sich innerhalb des gesamten Raumes des Elektronengases.

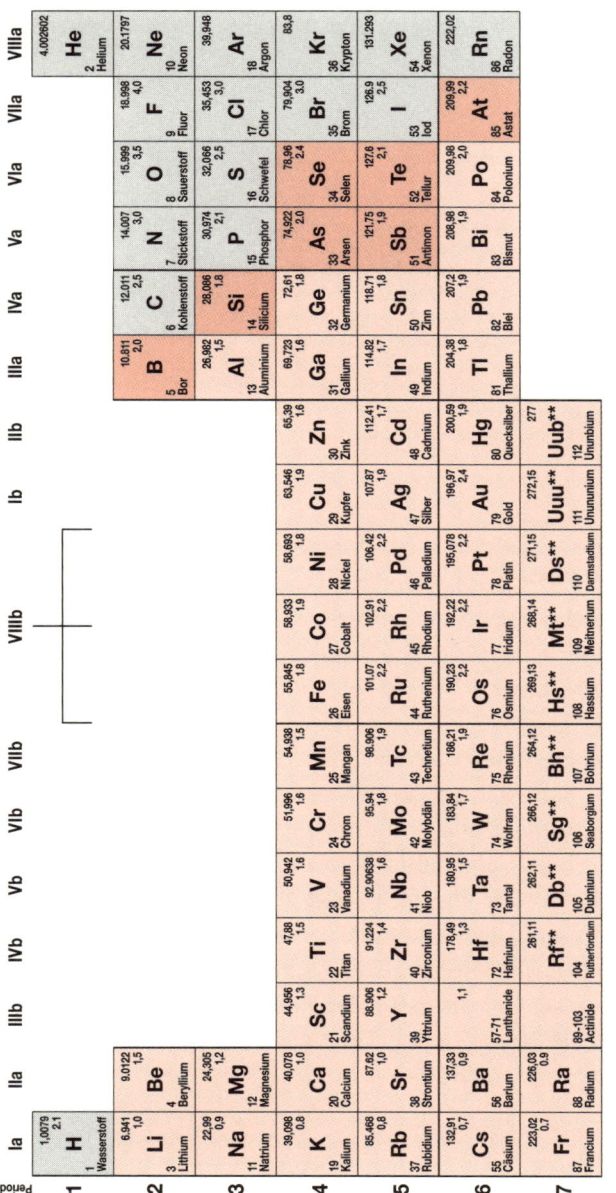

Tab. 8: Periodensystem der Elemente. Grau sind die Nichtmetalle, hellorange die Metalle und dunkelorange die sogenannten Halbmetalle gekennzeichnet.

Die folgende Abbildung veranschaulicht dieses sogenannte Elektronengasmodell.[3]

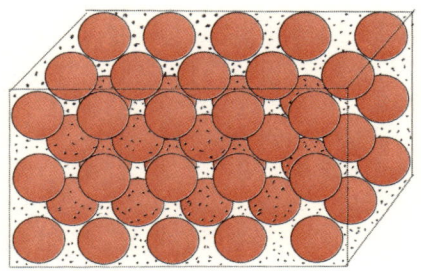

Abb. 11: Elektronengasmodell

Wenn ein Modell auch keine exakte Abbildung der Wirklichkeit sein kann, sondern lediglich den Versuch darstellt, Phänomene theoretisch zu deuten, so können wir anhand des Elektronengasmodells charakteristische Eigenschaften der Metalle erklären.

 Beginnen wir mit dem metallischen Glanz. Ich schlage vor, Sie nehmen jetzt einen metallischen Gegenstand – etwa einen Löffel oder Ring – in die Hand und betrachten ihn bei Tageslicht oder im Lampenschein: Er funkelt – und zwar umso mehr, je mehr Licht auf ihn fällt. Sehen Sie sich das Metallstück heute Abend noch einmal an, nachdem Sie Ihre Nachttischlampe ausgeschaltet haben: Er funkelt nicht mehr.

Licht und Metallglanz hängen offensichtlich eng miteinander zusammen. Die frei beweglichen Elektronen im Elektronengas werden durch die Energie des Lichtes angeregt, so dass sie sich schneller bewegen. Dabei reflektieren sie das gesamte auf sie auftreffende Licht, wodurch ihr Glanz entsteht. Diese Reflektion bewirkt zugleich, dass das Licht nicht durch das Metall hindurchdringen kann. Auch durch die dünnste Alufolie kann man niemals hindurchsehen. Die frei beweglichen Elektronen sind also für den Glanz verantwortlich (mehr zum Thema Licht ab S. 139). Und sie ermöglichen auch, dass wir uns im Spiegel betrachten können: Spiegel sind mit einer hauchdünnen Silberschicht überzogen, die durch Reflektion die charakteristische Spiegelung erzeugt.

Auch die Wärmeleitfähigkeit der Metalle kann anhand des Elektronengases leicht erklärt werden: Die frei beweglichen Elektronen können Wärmestrahlung aufnehmen, sich an einen anderen Ort des Elektronengases bewegen und dorthin weiterleiten. Bei Metallen sinkt die Wärmeleitfähigkeit mit steigender Temperatur – eine Eigenschaft, die wir im Haushalt in der Regel nicht erfahren können. Wärmebewegung ist Schwingung der Atomrümpfe und äußert sich in der messbaren Temperatur. Bei erhöhter Temperatur wird die Beweglichkeit der Elektronen eingeschränkt, weil die Atomrümpfe nun stärker in Bewegung sind – die Wärme wird nicht mehr so gut weitergeleitet. Wie wir gleich sehen werden, ist genau dies bei Halbmetallen anders (S. 111 ff.)!

Auch die elektrische Leitfähigkeit der Metalle ist leicht erklärt: Die freien Elektronen bewegen sich – etwa durch Anlegen einer Spannung – in eine Richtung und genau diese Wanderung frei beweglicher Elektronen ist elektrischer Strom.

Nun ist noch die Verformbarkeit der Metalle – z. B. im Falle eines Blechs oder eines Drahtes – zu erklären. Durch den Druck, den wir auf das Metall ausüben, gleiten die positiv geladenen Atomrümpfe – umhüllt vom Elektronengas –

aneinander vorbei, ohne dass Abstoßungskräfte wirksam werden können, wie wir sie beispielsweise von der Ionenbindung kennen.

Die folgende Abbildung verdeutlicht diese metallische Verformbarkeit durch Druck:

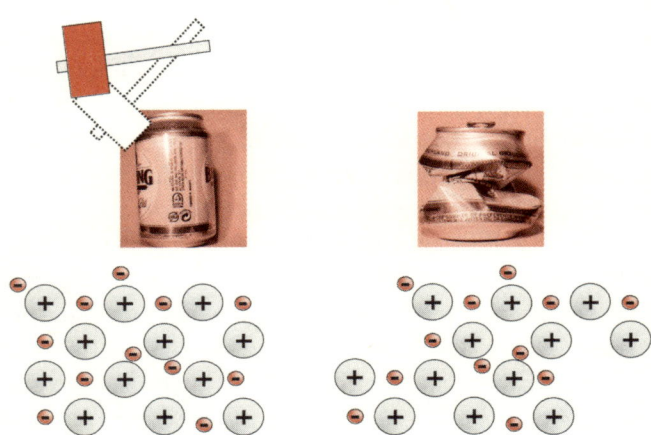

Abb. 12: Verformbarkeit der Metalle durch Krafteinwirkung

Was Metalle und Schweizer Käse gemeinsam haben: die Löcher

Wie wir im vorigen Kapitel gesehen haben, bestehen Metalle aus positiv geladenen Atomrümpfen und einem sie umgebenden Elektronengas. Zudem wissen wir aus eigener Erfahrung, dass Metalle – bis auf eine einzige Ausnahme, nämlich Quecksilber – bei Raumtemperatur fest sind. Wie kann man sich die Anordnung der Metallatome nun räumlich vorstellen? Wie kann Materie, zu einem Teil bestehend aus einem Elektronengas mit frei beweglichen Elektronen, feste Konsistenz haben?

Hierzu vorweg eine Überlegung. Obwohl die Metallrümpfe alle positiv geladen sind, stoßen sie sich nicht gegenseitig ab, weil sie von dem Elektronengas umgeben sind, das die Ladung der Metallatomrümpfe ausgleicht. Sie verhalten sich neutral und darum können wir die Atomrümpfe vereinfacht schlichtweg als Kugeln betrachten.

Wie lagern sich Kugeln aneinander, wenn man ihnen die freie Wahl lässt? Dazu zunächst eine Geschichte: In einem fernen Land vor langer Zeit wurde ein Wesir zum Tode verurteilt. Er hatte nur noch einen letzten Wunsch frei. Konnte der Kalif ihm diesen nicht erfüllen, so war sein Leben gerettet. Der Wesir wünschte sich eine gänzlich mit Orangen gefüllte Kiste … und erfreute sich noch eines langen und glücklichen Lebens. Warum?

Angenommen, Sie füllen eine Obstkiste mit Apfelsinen, dann werden die ersten Apfelsinen den Boden Ihrer Obstkiste bedecken. Doch ist der Boden dann zu 100 Prozent mit Apfelsinen bedeckt? Vordergründig sieht es zunächst so aus, aber bei genauerem Hinsehen wird deutlich, dass Lücken entstehen. Diese erste Schicht ist in der folgenden Abbildung mit den zwangsläufig entstehenden Lücken dargestellt.

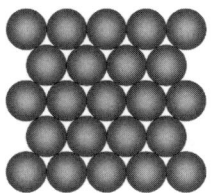

Abb. 13: Kugeln, die sich eng „auf Lücke" aneinanderlagern.

Wenn Sie nun weitere Apfelsinen in die Obstkiste legen, dann werden sie sich „auf Lücke" setzen, d. h., sie werden genau in die Lücken der ersten Schicht hineinkullern und niemals genau deckungsgleich auf eine Apfelsine der ersten Schicht zu liegen kommen. Auch bei dieser zweiten Schicht bilden sich dann wieder Lücken, genau wie bei der ersten Schicht. Falls Sie nun noch weitere Apfelsinen in die Kiste legen, bilden diese eine dritte Schicht – wieder „auf Lücke" – wobei nun zwei Alternativen bestehen: Entweder sie lagern sich genauso an, wie die erste Schicht (ABABAB), oder sie wählen eine neue Variante (ABCABCABC), indem sich die Apfelsinen leicht versetzt zur ersten Schicht anlagern.

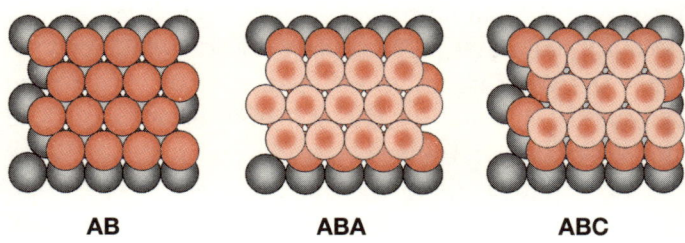

AB   **ABA**   **ABC**

Abb. 14: Metallstruktur AB, ABA und ABC

Obwohl bei dieser Anordnungen auf Lücke die Metall„kugeln" die größtmögliche Nähe suchen und besonders dicht gepackt sind – man spricht auch von dichtesten Kugelpackungen –, machen die Löcher zwischen den Metallkugeln etwa ein Viertel des Volumens aus: Streng genommen ist die Rolle Alufolie, die Sie im Supermarkt kaufen, eine naturgegebene Mogelpackung, denn Sie tragen nur drei Viertel Aluminium nach Hause – der Rest sind Löcher. Aber den Schweizer Käse würde ja auch niemand wegen der Löcher reklamieren.

Metalle im menschlichen Körper

Ohne Metalle wäre menschliches Leben nicht möglich – genauer gesagt sind es nicht die Metalle selbst, die im menschlichen Körper vorkommen, sondern Metallionen, die im Unterschied zu den Metallen Außenelektronen abgegeben haben und zumeist salzartige Verbindungen eingegangen sind.

Die Tabelle gibt einen Überblick über die Mengen an Metallen, die in einem Erwachsenen vorkommen.

Metall-Ionen	Menge in g
Calcium (Ca)	1000
Kalium (K)	140
Natrium (Na)	100
Magnesium (Mg)	25
Eisen (Fe)	4
Zink (Zn)	2
Cu (Cu)	0,07
Zinn (Sn)	0,02
Vanadium (V)	0,02
Chrom (Cr)	0,015
Mangan (Ma)	0,01
Molybdän (Mo)	0,005
Cobalt (Cn)	0,003
Nickel (Ni)	0,001

Tab. 9: Metalle im menschlichen Körper – modifiziert nach: Wawra et al. Chemie erleben, S. 101

Mengenmäßig mit Abstand am bedeutendsten ist Calcium, das am Aufbau unserer Knochen und Zähne beteiligt ist, darüber hinaus aber auch bei der Zellteilung, bei der Blutgerinnung und bei der Muskelkontraktion eine Rolle spielt. Das Erstaunliche: Die Knochensubstanz dient als Reservoir bei Calcium-Mangelerscheinung. Sinkt der Calciumspiegel im Blut, so wird es aus den Knochen freigesetzt. Ist wieder genügend Calcium durch Nahrung verfügbar, wird es wieder in die Knochen eingebaut. Calciumhaltige Nahrungsmittel sind etwa Milch, Käse, Eier, Fisch und Brot.

Kalium- und Natriumionen kommen hauptsächlich in den Körperflüssigkeiten vor und sind u. a. für die Reizweiterleitung in den Nerven- und Muskelfasern zuständig. Da beide lebenswichtigen Ionen durch Harn und Schweiß ausgeschieden werden, müssen sie ständig mit der Nahrung ergänzt werden – Natriumionen zum einen durch sogenanntes Kochsalz mit dem Hauptbestandteil Natriumchlorid, aber auch viele Nahrungsmittel, Kalium durch Obst, Gemüse und vor allem Trockenfrüchte – und Bier.

Magnesium ist sowohl am Knochenaufbau beteiligt als auch in zahlreichen Enzymen – das sind Substanzen, die in unserem Körper biochemische Reaktionen beschleunigen (vgl. S. 136) – vorhanden. In der Nahrung findet es sich überwiegend in Vollkornbrot, Naturreis, Cashewnüssen und Sojabohnen.

Eisen kommt im Hämoglobin, den roten Blutkörperchen des Blutes, als Eisenverbindung vor und ist dort für den Sauerstofftransport zuständig. Daneben ist es in vielen Enzymen enthalten. Bei Blutverlust muss

Eisen ergänzt werden: Nahrungsmittel, die viel Eisen enthalten sind Leber, Fleisch, Eier und Hülsenfrüchte.

Zink ist wesentlicher Bestandteil in Enzymen und Proteinen, Mangelsymptome sind Unlust und Müdigkeit. Normalerweise ist Zink durch Nahrungsmittel leicht zugänglich: Fleisch, Fisch, Käse und Sonnenblumenkerne sind reich an Zink.

Die restlichen Metalle in der Tabelle benötigen wir in nur ganz geringen Mengen, zumeist sind sie Bestandteile von Enzymen. In vielen Fällen ist die genaue Funktion dieser Metalle noch nicht einmal bekannt.

Legierungen

Kommen wir zurück zu unserer Geschichte: Wie hat der Wesir nachweisen können, dass die Kiste nicht gänzlich mit Apfelsinen gefüllt war? – Er zog einen Beutel mit Nüssen aus seinem Kaftan und verteilte sie Schicht für Schicht in die Lücken zwischen den Apfelsinen …

Eine vergleichbare Lösung wird bei einem bestimmten Typ von Legierungen gewählt, den sogenannten Einlagerungsverbindungen. Eines der bekanntesten Beispiele dafür ist Stahl: Während reines Eisen relativ weich und für den Bau von Brücken und Hochhäusern nicht ausreichend stabil ist, besteht Stahl aus Eisen- und Kohlenstoff-atomen, wobei letztere im Vergleich zu Eisenatomen relativ klein sind und die Lücken zwischen den Eisenatomen besetzen. Das Resultat: Stahl ist deutlich härter als reines Eisen.

Neben dem Auffüllen der Lücken durch kleinere Atome wie Kohlenstoff wird bei den unterschiedlichen Stahlsorten auch ein Teil der Eisenatome durch andere Metalle ersetzt (Substitutionslegierungen) – so z. B. durch Chrom, Nickel, Vandium, Mangan, Molybdän, Cobalt oder Wolfram. Immer wird durch die Beimengung eines anderen Metalls die Härte erhöht, weil durch geringfügige Größenunterschiede die Gleit-fähigkeit der Metallschichten verringert wird.

Insgesamt gibt es schätzungsweise 75 000 (!) unter-schiedliche Legierungen, von denen einige wenige in der nachfolgenden Tabelle zusammengestellt sind.

Legierungen haben metallische Eigenschaften und set-zen sich entweder aus mindestens zwei Metallen oder aus mindestens einem Metall und einem Nichtmetall zusammen.

Heute kennt man allein nahezu 2000 verschiedene Stahl-sorten mit unterschiedlichen Eigenschaftsmerkmalen in Be-zug z. B. auf Verschleißfestigkeit, Korrosionsbeständigkeit, Elas-tizität, Härte und Glanz. Stahl wird als Edelstahl bezeichnet, wenn er über 12 Prozent Fremdzusätze enthält. Der bekann-te V2A-Stahl, ein nichtrostender Stahl, der zugleich auch ge-gen Säuren beständig ist, besteht neben Eisen aus 18 Pro-zent Chrom, acht Prozent Nickel und je 0,2 Prozent Silicium und Mangan. Er wird vor allem dort eingesetzt, wo die Legie-rung häufig oder auch dauernd in Kontakt mit Wasser ist: bei Brückenkonstruktionen, Rohrleitungen – oder eben auch bei Besteck. Insgesamt sind Eisen und Stahl mit rund 95 Gewichtsprozenten[4] die mit Abstand bedeutendsten metallischen Werkstoffe.

Weitere für den Alltag wichtige Legierungen:

Legierungen

Legierung	Bestandteile	Verwendung
Amalgam	Quecksilberlegierungen mit anderen Metallen	z. B. Silberamalgam als Füllung für Zähne
Bronze	Kupfer, Zinn	Zahnräder, Glocken
Duraluminium	93–95 % Aluminium; 3,5–5,5 % Kupfer sowie geringe Mengen Magnesium, Mangan und Silicium	Verwendung z. B. in der Luftfahrt
Gusseisen	Eisen mit einem höheren Kohlenstoffgehalt als Stahl (3–5 %)	Gullydeckel, Pfannen, Brücken
Hartblei	Blei, Antimon	mechanisch stabiler als Blei Gegengewichte in Aufzügen, Apparatebau
Lötzinn	Blei (meist 60 %) und Zinn (meist 40 %)	Verlöten von Konservendosen
Messing	Kupfer (55–80 %) und Zink	Verzierungen, Armaturen in der Sanitärtechnik
Stahl	Eisen, Kohlenstoff (bis etwa 2 %)	Betonstahl, Werkzeuge, Messer
Weißgold	Gold, Palladium und/oder Nickel, Kupfer, Silber	Schmuckgegenstände

Tab. 10: Legierungen, die im Alltag oft verwendet werden

Leiten Halbleiter nur halb?

Es gibt vielfältige Unterscheidungsmöglichkeiten der Metalle: So spricht man etwa von Leichtmetallen und von Schwermetallen. Metalle wie Natrium oder Magnesium zählen zu den Leichtmetallen, weil sie eine geringere Dichte[5] als 4,5 g/cm^3 haben, Chrom, Eisen und Gold zählen zu den Schwermetallen, weil ihre Dichte über 4,5 g/cm^3 liegt.

Die Reaktionsfähigkeit ist ein weiteres Unterscheidungskriterium der Metalle: „Unedle" Metalle wie Natrium oder Kalium reagieren beispielsweise leicht mit Wasser, Chlor oder anderen reaktionsfreudigen Verbindungen. Metalle wie Gold, Silber und Platin reagieren mit anderen Reaktionspartnern so gut wie gar nicht und werden daher als „edel" bezeichnet.

In Bezug auf die Leitfähigkeit unterscheidet man Isolatoren, also Materialien, die den elektrischen Strom überhaupt nicht leiten, von Leitern, also Materialien, die den elektrischen Strom leiten, und Halbleitern, das sind Materialien, die den elektrischen Strom – nein, nicht halb, sondern manchmal gut und manchmal schlecht leiten.

Da Halbleiter in der Mikroelektronik und in der Solartechnik in den letzten Jahrzehnten eine rasante Entwicklung genommen haben und in Ihrem Haushalt und Ihrem Auto ganz entscheidende Funktionen übernehmen, wollen wir sie zum Abschluss des Kapitels über Metalle etwas genauer in den Blick nehmen.

Unter den metallischen Elementen des Periodensystems besitzen die Halbmetalle Halbleitereigenschaften: Diese Halbmetalle nehmen eine Mittelstellung zwischen Metallen und Nichtmetallen ein. Auch im Periodensystem wird diese Mittelstellung deutlich: Sie stehen zwischen den Metallen und Nichtmetallen.

In der folgenden Tabelle 11 sind einige Halbmetalle zusammengestellt:

B	Bor	typisches Halbmetall
Si	Silicium	typisches Halbmetall
Ge	Germanium	eher ein Metall
As	Arsen	typisches Halbmetall
Se	Selen	eher ein Nichtmetall
Sb	Antimon	eher ein Metall
Te	Tellur	typisches Halbmetall
Po	Polonium	eher ein Metall
At	Astat	eher ein Nichtmetall

Tab. 11: Halbmetalle

An der Charakterisierung „eher ein Metall" bzw. „eher ein Nichtmetall" wird deutlich, dass der Übergang zwischen Metall, Halbmetall und Nichtmetall fließend ist.

Charakteristisches Merkmal der Halbmetalle sowie der Halbleiter ist die Zunahme der Leitfähigkeit bei Energiezufuhr, also unter dem Einfluss von Wärme oder Licht.

Mit anderen Worten: Während Metalle immer den elektrischen Strom leiten und diese Leitfähigkeit bei Energiezufuhr sogar eher abnimmt (vgl. S. 101), leiten Halbmetalle bzw. auch alle anderen Halbleiter den Strom nur im angeregten Zustand, also bei Zufuhr von Wärme oder Licht.

Auf der Basis des Atommodells, das wir im vorliegenden Buch bislang verwendet haben, ist dieser Sachverhalt nur schwer zu erklären. Komplexere Atommodelle bieten hierfür bessere Interpretationsmöglichkeiten. Ohne nun im Detail auf das sogenannte Orbital-Modell einzugehen, soll mit Hilfe der folgenden Abbildung gezeigt werden, worin der Unterschied zwischen Isolatoren, Halbleitern und Leitern besteht. Um die Deutung zu verstehen, müssen wir einmal das Modell des Elektronengases in den Hintergrund schieben. Stattdessen führen wir hier kurzfristig das sogenannte Bändermodell ein, wobei der Begriff ‚Band' für einen bestimmten Energiebereich innerhalb der Atome steht, in dem sich die Elektronen aufhalten. Das Valenzband hat das niedrigste Energieniveau und wird von den Elektronen zuerst aufgefüllt, es folgt eine sogenannte „Verbotene Zone", in der sich die Elektronen nicht aufhalten können, die sie also überspringen müssen. Energiereich ist das Leitungsband. Um leiten zu können, benötigen Elektronen Bewegungsfreiheit, einfach ausgedrückt Platz. Diesen Platz bietet das Leitungsband, aber die Verbotene Zone erschwert es den Elektronen, dorthin zu kommen.

Sehen wir uns die Leitfähigkeit bei Isolatoren, Metallen und Halbleitern im Folgenden einmal an, indem wir das Bändermodell hinzuziehen:

Beginnen wir mit dem einfachsten Typ, den Isolatoren, die den elektrischen Strom überhaupt nicht leiten. Wie aus der Abbildung ersichtlich wird, befindet sich zwischen dem sogenannten *Leitungsband,* in dem sich die Elektronen aufhalten und dem *Valenzband,* das die Elektronen erreichen müssen, um größere Bewegungsmöglichkeit zu erhalten, eine *Verbotene Zone*, die die Elektronen überspringen müssen. Ganz gleich, wie viel Energie den Elektronen von außen auch zugeführt wird – etwa durch Licht oder Wärme – sie können nicht in den freien Raum des Valenzbandes, weil die Verbotene Zone zu groß ist (vgl. Abb. 15a).

Bei den Metallen steht den Elektronen viel Platz für Bewegung zur Verfügung. Es gibt keine Verbotene Zone, die übersprungen werden muss – Metalle leiten daher immer (vgl. Abb. 15 b und c).

Nun zu den Halbleitern: Die sogenannte Verbotene Zone ist hier deutlich kleiner als bei den Isolatoren und die Elektronen der Halbleiter können sie überspringen, wenn sie Energie von außen erhalten (vgl. Abb. 15 d). Das macht Halbleiter zu interessanten Werkstoffen, denn durch die Energiezufuhr von außen kann ihre Leitfähigkeit genau gesteuert werden: Gibt es einen Energieimpuls, so wird geleitet, gibt es keinen Energieimpuls, so wird nicht geleitet. Genau das macht man sich in der Elektronik – etwa bei Speicherchips – zunutze.

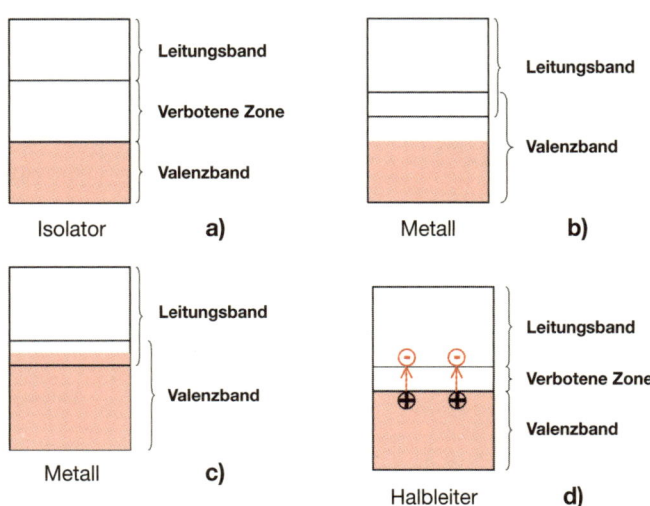

Abb. 15: Isolatoren, Halbleiter und Leiter

Neben den Halbmetallen, die auch als Eigenhalbleiter bezeichnet werden, gibt es noch weitere Materialien, die Halbleitereigenschaften besitzen. Eine große Gruppe dieser Halbleiter besteht aus Halbmetallen, in die in geringen Mengen Fremdatome oder sogenannte Störstellen eingebaut werden. So kann man beispielsweise in Silicium-Metalle geringe Mengen von Arsen-Atomen einbringen – man spricht auch von „dotieren". Arsen hat fünf Außenelektronen, also eines mehr als Silicium. Dieses „überschüssige" Elektron benötigt weniger Energie als die Silicium-Elektronen, um die Verbotene Zone zu überspringen. Auch durch Dotierung mit Indium-Atomen – Indium steht in der dritten Gruppe und hat drei Außenelektronen – kann die Leitfähigkeit erhöht werden, weil Indium im Vergleich zu Silicium ein Elektron weniger hat und deshalb die Elektronen vom Silicium zum Indium fließen können. Wird Silicium sowohl mit Indium- als auch mit Arsenatomen dotiert, so wandert das Elektron des Arsens innerhalb des Halbmetalls in eine bestimmte Richtung, nämlich zum Indium.

Zweidimensionales Strukturschema   **Energiebandschema**

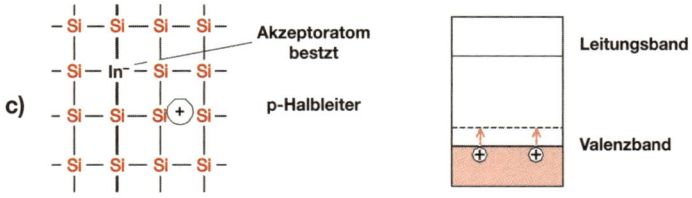

c)

Akzeptoratom bestzt

p-Halbleiter

Leitungsband

Valenzband

Abb. 16: Dotierte Halbmetalle

Die Anzahl der Störstellenatome ist im Vergleich zu den Siliciumatomen äußerst gering: In manchen Fällen kommt auf eine Million Atome nur ein einziges Störstellenatom. Deshalb muss Silicium extrem rein sein, bevor es mit Atomen dotiert wird, weil sonst nicht die gewünschten Halbleiterqualitäten entstehen. Derzeit wird in aufwändigen Herstellungsverfahren eine Reinheit von zehn Millionen zu Eins erzielt, d.h. auf eine Verunreinigung kommen zehn Millionen Siliciumatome.

Warum Computer gute Lüfter brauchen

Halbleiter kommen überall in der Mikroelektronik zum Einsatz: So z.B. auch in jedem PC als Arbeitsspeicher, als zentrale Recheneinheit oder als Chip. Der große Vorteil der Halbleiter liegt in ihrer geringen Größe. Ob der Arbeitsspeicher, der Rechner oder der Chip zuverlässig funktionieren, hängt vor allem von der Reinheit des Halbleiters ab. Auch kleinste Unreinheiten führen zu Fehlinformationen – z.B. weil Strom geleitet wird, wo er eigentlich nicht geleitet werden soll.

Je höher die Umgebungstemperatur ist, umso mehr Fehlordnungen entstehen in Materialien, also auch in Metallen oder Halbleitern (s. auch S. 126). Deshalb ist es gut, wenn Rechner bei möglichst niedrigen Temperaturen arbeiten. Manche Großrechner stehen deshalb in klimatisierten Räumen mit sehr niedriger Temperatur. Auch die Halbleiter in Ihrem PC müssen gekühlt werden, wenn die Temperatur in den Innenräumen ansteigt. An heißen Sommertagen ist da so mancher Lüfter überfordert. Sie können dies geradezu hören, weil er ständig in Aktion ist. In diesem Fall sollten Sie Ihre Daten sehr oft sichern, damit sie nicht einer Störstelle Ihrer Mikroelektronik zum Opfer fallen ...

Entropie und Enthalpie – das Yin und Yang der Chemie

Bislang haben wir uns damit befasst, wie Atome aufgebaut sind und wie und warum aus einzelnen Atomen Verbindungen entstehen. An den Beispielen Wasser, Natriumchlorid, Chlor und den Edelgasen haben wir eine kleine und zugleich bedeutende Auswahl von Millionen chemischer Verbindungen beispielhaft kennen gelernt.

Nun gehört es zu unserer Alltagserfahrung, dass chemische Verbindungen sich ändern, sich also zu anderen chemischen Verbindungen umwandeln. Die Nahrungsmittelaufnahme ist ein gutes Beispiel für solche Stoffumwandlungen. Wenn wir z. B. eine Banane essen, dann wird sie von unserem Organismus nicht nur mechanisch zerlegt, sondern vor allem auch chemisch umgewandelt. So wird beispielsweise Energie erzeugt, mit deren Hilfe die Körpertemperatur konstant gehalten wird und Muskelbewegungen ausgeführt werden können. Die Vitamine, Fette, Eiweiße, Kohlenhydrate und Spurenelemente werden erkannt, aussortiert und zu den Zellen transportiert, in denen sie benötigt werden, um dort schließlich als Abbauprodukt wieder abtransportiert zu werden. Am Ende bleibt von der Banane nur noch das Abbauprodukt übrig, als das es unseren Körper wieder verlässt.

Ein weiteres Beispiel für eine Stoffumwandlung haben wir ganz zu Beginn des Buches kennen gelernt: das Brennen einer Kerze. Aus Wachs und Sauerstoff bilden sich neben Wärme und Licht zugleich auch Kohlenstoffdioxid und Wasser bzw. Wasserdampf.

Auch die belebte Natur bietet zahlreiche Beispiele für Stoffumwandlungen: Im Frühjahr wachsen Bäume, Blumen und Sträucher aus Sonnenlicht, Wasser, stickstoff- und mineralhaltiger Erde sowie Kohlenstoffdioxid.

Alle drei Beispiele haben eines gemeinsam: Immer entsteht durch die Stoffumwandlung ein Produkt mit ganz anderen Eigenschaften als denen der Ausgangsstoffe.

Aber warum reagieren denn überhaupt Verbindungen miteinander? Warum wandeln sich Stoffe um – denn schließlich haben die einzelnen Verbindungen doch schon eine optimale Anzahl an Außenelektronen erreicht, sonst wäre aus den Atomen ja erst gar keine Verbindung entstanden? Anders und anschaulicher formuliert: Warum bleibt die Banane – ein an sich bereits stabiler Stoff – nicht unverändert in unserem Magen liegen? Genauso interessant ist die umgekehrte Frage: Was hindert manche Stoffe daran, miteinander zu reagieren? Weshalb gibt es zwischen einem Stein und der Luft – zum Glück – keine heftige Reaktion? Beleuchten wir mit dieser Fragestellung noch einmal genauer, was geschieht, wenn eine Kerze brennt – und zu dieser Gelegenheit wäre es doch wieder einmal an der Zeit, sich ein Teelicht anzuzünden, um das Naturschauspiel genau in Augenschein zu nehmen – was im Falle des Bananenstoffwechsels deutlich schwieriger wäre.

Warum brennt eine Kerze? – Die Enthalpie

Ganz zu Beginn haben wir uns mit der Frage befasst, was eigentlich geschieht, wenn eine Kerze brennt: Aus dem Kerzenwachs und dem Sauerstoff der Luft bilden sich neben Wärme und Licht auch noch Wasserdampf und Kohlenstoffdioxid (S. 18). Die Kerze wandelt sich um: Aus den Ausgangsstoffen Sauerstoff und Wachs entstehen völlig neue

Produkte – das Verschwinden von Stoffen, das der bloße Augenschein suggeriert, ist unter chemischen Gesichtspunkten unmöglich.

Nun stellt sich die Frage, warum normalerweise aus einer Kerze und Sauerstoff die o. g. Produkte entstehen. Ist das Umgekehrte auch denkbar? Stellen Sie sich vor, Sie sitzen an einem ruhigen Winterabend an Ihrem Schreibtisch und plötzlich bildet sich aus dem Wasserdampf und dem Kohlenstoffdioxid der Luft sowie aus Wärme und Licht – ein Teelicht, das über Ihrem Schreibtisch schwebt. Die chemische Reaktion einmal in umgekehrter Richtung – eine kuriose Vorstellung. Um Sie gleich vorweg zu desillusionieren: Auf ein solches Ereignis werden Sie vergeblich warten, denn chemische Reaktionen verlaufen freiwillig nur in eine Richtung. Was bestimmt aber die Richtung? Mit dieser Frage befasst sich u. a. die Thermodynamik, eines der grundlegendsten und interessantesten Gebiete der Chemie, auf das im Rahmen dieser Einführung deshalb auch nicht verzichtet werden darf.

Ob eine Reaktion freiwillig abläuft oder nicht, hängt davon ab, ob es für die Reaktionspartner – im Falle der Kerze also für Wachs und für Sauerstoff – einen Vorteil bringt, miteinander zu reagieren. Und was bedeutet im chemischen Sinne ein Vorteil?

Ganz im Unterschied zu unserer Alltagsvorstellung, in der Energie etwas Positives und Erstrebenswertes ist, sind die Ausgangsstoffe (Edukte) in den meisten Fällen dann bereit, miteinander zu reagieren, wenn die Produkte, die nach der chemischen Reaktion entstehen, weniger Energie enthalten. Genau dies ist bei Kerzenwachs und Sauerstoff der Fall: Die Ausgangsstoffe wandeln sich in Wasser und Kohlenstoffdioxid um, die deutlich weniger Energie enthalten – die chemische Reaktion ist also, unter diesem Energieaspekt gesehen, äußerst vorteilhaft. Und was geschieht mit der Energiedifferenz zwischen Edukt und Produkt? Sie wird als Licht ausgestrahlt und als Wärme abgegeben, beides an Ihrem Teelicht sicht- und fühlbar.

Und wie ist das mit der Banane, die wir gerade gegessen haben, oder dem Glas Wein, das wir beim Lesen vielleicht gerade genüsslich trinken? Banane und Wein werden in unserem Organismus zu energieärmeren Stoffwechselprodukten abgebaut, u. a. auch zu Kohlenstoffdioxid und Wasser, und dabei wird Energie z. B. in Form von Körperwärme freigesetzt. Für den Fall, dass Sie nun wissen wollen, wieviel Energie denn genau dabei freigeworden ist, können Sie das den Nährwerttabellen als Kilojoule- bzw. Kilokalorie-Wert des jeweiligen Nahrungsmittels entnehmen[1]. 100 Gramm Banane haben einen Energiebetrag von 95,20 kcal (398,58 kJ), 100 Gramm Rotwein von 76 kcal (280 kJ) und 100 Gramm Wasser haben einen Energiewert von 0,0 kcal! Wasser zählt neben Kohlenstoffdioxid zu den besonders energiearmen chemischen Verbindungen – ein Grund, weshalb beide Stoffe so häufig vorkommen bzw. bei so vielen chemischen Prozessen entstehen.

Auch chemische Verbindungen, die wir nicht als Nahrungsmittel zu uns nehmen, haben einen Energiewert, der in Kilokalorien bzw. Kilojoule angegeben werden kann. 100 Gramm Kerzenwachs enthalten beispielsweise einen ungefähren Wert von 112 kcal (470 kJ).[2] Bei einer chemischen Reaktion, bei der sich energiereiche Ausgangsstoffe wie z. B. Wachse, Öle, Benzin etc. in energiearme Produkte wie Wasser und Kohlenstoffdioxid umwandeln, ist der Vorteil der Energieabgabe besonders groß.

Wasser und Kohlenstoffdioxid selbst sowie alle anderen extrem energiearmen Verbindungen reagieren kaum noch mit anderen Stoffen, haben sie doch bereits einen Zustand niedriger Energie erreicht.

Allgemein können wir festhalten:

Chemische Reaktionspartner sind bestrebt, einen Zustand niedriger Energie zu erreichen. Das Maß für die Energie bzw. „innere Wärme" eines Stoffes ist die Enthalpie und wird in Kilojoule (kJ) angegeben.

Bleiben wir noch einen Augenblick bei diesem Prinzip: Drängt sich hier nicht die Frage auf, weshalb wir inzwischen nicht nur noch von energiearmen Verbindungen umgeben sind? Wie kommt es überhaupt noch freiwillig – d.h. ohne äußeren Einfluss wie z.B. hohen Druck oder hohe Temperatur – zur Bildung energiereicher Verbindungen? Anders formuliert: Weshalb kann eine Banane überhaupt entstehen, wenn sie doch so viel Energie hat, wie kann sich eine so energiereiche Verbindung wie Zucker in Früchten bilden? Um uns dieser Frage zuzuwenden, befassen wir uns zunächst mit einem ganz anschaulichen und übersichtlichen Alltagsphänomen.

Warum trocknet Wäsche auch an einem bitterkalten Wintertag im Freien? – Die Entropie

Im Zeitalter der Wäschetrockner ist es vielleicht manch einem nicht mehr geläufig: Wäsche trocknet auch bei klirrender Kälte im Freien! Eigentlich ist diese Tatsache zunächst einmal überraschend, weil Wasser unter 0 °C zu Eis gefriert. Aber nicht nur Wasser verdunstet in der Kälte, auch Schnee und Eis gehen allmählich in Wasserdampf über, auch wenn die Temperatur konstant unter Null bleibt.

Wie ist es möglich, dass Eis verdunstet, wenn draußen tiefe Temperaturen herrschen und Wasserdampf doch eigentlich nur bei hohen Temperaturen entsteht – etwa beim Wasserkochen? Nähern wir uns der Antwort, indem wir uns den Unterschied zwischen Wasserdampf, Wasser und Eis – also die einzelnen Aggregatzustände – genauer ansehen:

Im Wasserdampf liegen die Wassermoleküle ohne Wasserstoffbrückenbindung, also völlig vereinzelt und mit einem großen Abstand voneinander vor (Abb. 17a). Im flüssigen Zustand bilden sich aufgrund der Wasserstoffbrückenbindungen Assoziate aus, bei denen sich mehrere H_2O-Moleküle zusammenlagern (vgl. S. 85) (Abb. 17b). Im festen Aggregatzustand – also im Falle von Eis – sind die einzelnen Wassermoleküle in einem festen kristallinen Verband angeordnet (Abb. 17c), der insgesamt voluminöser ist als bei der gleichen Anzahl von Wassermolekülen im flüssigen Zustand. Deshalb wird die Dichte geringer, so dass Eis auf dem Wasser schwimmen kann (vgl. Dichteanomalie S. 25), – ein Aspekt, dem allerdings beim Phänomen des Verdunstens von Eis in der Kälte keine Bedeutung zukommt.

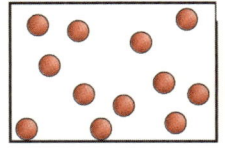  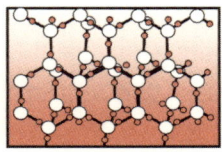

(a) Wasserdampf   (b) Wasser   (c) Eis (bzw. Schnee,
                                                 Hagel, Reif)

Abb. 17: Aggregatzustände des Wassers

Vom festen über den flüssigen zum gasförmigen Aggregatzustand nimmt die Beweglichkeit der einzelnen Partikel zu. Während im Eis die einzelnen Wassermoleküle einen festen Platz zugewiesen bekommen haben, können sich Wassermoleküle in einem Gas völlig frei im Raum bewegen. Diese Erweiterung der sogenannten *Freiheitsgrade*, d. h. der Anzahl voneinander unabhängiger Bewegungen, wird auch mit dem Begriff ‚Unordnung'[3] bezeichnet. Und genau diese Erhöhung der Unordnung wird von Stoffen neben der Energiereduzierung als Vorteil angesehen.

Wo kommt die Vorliebe chemischer Systeme zur Unordnung in unserem Alltag vor? Nein, ich meine jetzt nicht Ihren Schreibtisch oder Ihren Kleiderschrank. Ich möchte mit Ihnen einen Blick in die submikroskopischen Systeme werfen, eine Betrachtung, die in der Regel auch mit deutlich weniger Emotionen verbunden ist als das häusliche Durcheinander.

 Hierzu zwei kleine Experimente, die Sie gut zu Hause durchführen können: Das erste kommt Ihnen vielleicht gerade gelegen: Wenn Sie Zucker in Ihren Kaffee geben, dann verteilt er sich allmählich auch ganz ohne Rühren – ein typisches Beispiel für eine Erhöhung des Unordnungsgrades! Niemals ist damit zu rechnen, dass sich plötzlich der im Kaffee verteilte Zucker wieder an einer Stelle konzentriert!

Das zweite Experiment ist in der Durchführung sicherlich weniger vertraut: Sie benötigen ein kleines Glasschälchen – etwa eine Dessertschale –, etwas Backpulver und ein wenig Essig. Geben Sie einen Teelöffel Backpulver in die Schale und übergießen Sie es anschließend mit etwas Essig. Es schäumt, und daran können Sie erkennen, dass sich ein Gas bildet. Es handelt sich dabei um das Gas Kohlenstoffdioxid. Zudem entsteht Natriumacetat, das sich am Boden absetzt und sich zu einem kleinen Teil in Wasser und Essig löst. Warum reagieren Backpulver und Essig? Weil sich ein Gas bildet und dieses Gas im Vergleich zu den festen und flüssigen Ausgangstoffen eine hohe Unordnung aufweist, d. h. viele Freiheitsgrade für die beteiligten Partikel.

Und wenn Sie nasse Wäsche im Winter draußen zum Trocknen aufhängen, dann verdunstet das Wasser, weil die einzelnen Wassermoleküle als Wasserdampf mehr Freiheitsgrade haben, also die Unordnung vergrößert wird.

Fassen wir zusammen:

Ein System ist bestrebt, den Zustand größtmöglicher „Unordnung" zu erreichen. Die Maßeinheit für die Unordnung ist die Entropie. Je kleiner der Entropiewert, desto größer die Ordnung. Sie ist abhängig von der Temperatur eines Stoffes und dessen Aggregatzustand. Die Entropie jeder Substanz nimmt mit steigender Temperatur zu.

Auch nicht mischbare Flüssigkeiten wie Wasser und Öl tauschen einige wenige Moleküle aus, um dadurch die Entropie zu erhöhen (vgl. S. 22).

Auch in Kristallen gibt es Unordnung!

Dieses Streben nach Unordnung ist sogar in hochgeordneten Kristallen, in Ionengittern, wie wir sie zu Beginn kennen gelernt haben, vorhanden (vgl. S. 64). Aufgrund der Anziehungskräfte zwischen Kationen (positiv geladene Teilchen) und Anionen (negativ geladenen Teilchen) ist theoretisch davon auszugehen, dass sich ein höchst symmetrisches Gitter bildet. In einem solchen „fehlerfreien" Gitter wäre die Ordnung sehr groß, also unvorteilhaft. Um die Ordnung zu verringern, nimmt die Natur bei den Kristallen einen Trick vor: Hin und wieder werden in das Gitter Baufehler eingebaut. Und dabei ist die Natur sehr erfinderisch: Neben Sprüngen, Rissen und Einlagerungen von Fremdsubstanzen, die oft auch schon mit dem Mikroskop erkennbar sind, gibt es noch zahlreiche Varianten von sogenannten Fehlstellen bzw. Fehlordnungen: So wird z. B. ein Gitterplatz einfach unbesetzt gelassen oder es werden Zwischengitterplätze belegt, d. h. ein Atom bzw. Ion lagert sich zwischen die eigentlich vorgesehenen Gitterplätze.

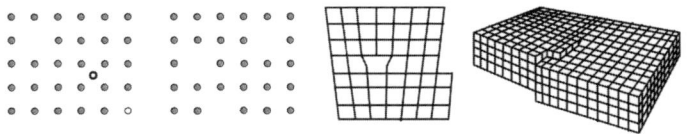

Abb. 18: Beispiele für Fehlordnungen in Kristallen

Manchmal wird anstelle eines Anions auch nur ein Elektron eingebaut, das entsprechend viel mehr Platz zur Verfügung hat, weil es kleiner ist. Da ein solches Elektron relativ leicht angeregt werden kann, absorbieren diese Kristalle bestimmte Wellenlängen des sichtbaren Lichts und erscheinen damit farbig – ein Phänomen, das wir im Kapitel „Ohne Licht keine farbigen Gegenstände" ab S. 139 noch wesentlich genauer betrachten werden. Kostbare Beispiele finden wir bei den Edelsteinen mit sogenannten Farbzentren. Rauchquarz ist ein Beispiel für einen solchen Stein, der seine charakteristische Farbe durch „falsch eingebaute" und durch das Licht angeregte Elektronen erhält.[4]

Auch in noch so wertvollen Diamanten sind Baufehler enthalten; sie machen manche Diamanten sogar erst richtig teuer: So sind für den Gelbton eines Diamanten Stickstoffeinschlüsse verantwortlich, Blautöne entstehen durch Bor und die seltene Farbe Rot bei Diamanten ist ebenfalls auf Kristalldefekte zurückzuführen.

Ein strahlendweißer, lupenreiner Diamant ist eben nur unter der Lupe fehlerfrei – guckt man mit Messinstrumenten ganz genau hin, dann müssen sich auch hier Fehlordnungen zeigen, um die Entropie zu erhöhen, d. h. den Grad der Ordnung zu reduzieren. Vielleicht können Sie mit diesem Wissen beim nächsten Diamantkauf einen ordentlichen Rabatt aushandeln ...

Wenn's kalt wird, nimmt die Ordnung zu

Wie wir bereits wissen, ist die größere Bewegungsmöglichkeit der einzelnen Partikel letztlich das, was mit der Unordnung angestrebt wird und diese ist in einem Gas größer als in einer Flüssigkeit und in dieser wiederum größer als in einem Feststoff. Auch die Entropie von Wasser steigt beim Erhitzen, weil die Moleküle zunehmend thermische Bewegungen ausführen können, sozusagen in Wallung geraten (vgl. Tabelle 12).

Aggregatzustand	Temperatur (°C)	Entropie (S°, (J/Kmol)
fest	−273	3,4
	0	43,2
flüssig	0	65,2
	20	69,6
	50	75,3
	100	86,8
gasförmig (Wasserdampf)	100	196,9
	200	204,1

Tab. 12: Entropiewerte von Wasser bei verschiedenen Temperaturen

Wenn wir nun nach und nach einen Stoff abkühlen, so wird dessen Entropie sinken, die Ordnung also steigen. Stellen wir uns vor, wir würden einen hochgeordneten Diamantkristall, der allerdings bei Zimmertemperatur immer noch so manche Fehlstelle aufweist, allmählich abkühlen: Die Unordnung in dem Diamanten würde messbar abnehmen. Wenn wir nun weiter abkühlen, wird sich auch die Entropie weiter verringern. Wie weit? Ist es möglich, den Wert Null zu erreichen?

Theoretisch wäre dies denkbar, aber eben nur rein theoretisch! Dazu müsste nämlich die äußerst niedrige Temperatur von −273,15 °C erreicht werden, auch als absoluter Nullpunkt bezeichnet, da nach der Kelvin-Skala hier der Nullpunkt liegt: Null Kelvin! Dieser Temperatur sind Wissenschaftler in den letzten Jahren ziemlich nahe gekommen, bis auf einige wenige Milliardstel Kelvin über dem absoluten Nullpunkt, doch tiefer wird man kaum kommen. Der Grund liegt genau in der Entropie. Erst wenn keinerlei Bewegung und keinerlei Unordnung mehr vorkommt, ist der absolute Nullpunkt erreicht. Das Streben nach Unordnung verhindert aber genau dies.

Fassen wir zusammen:

> Nur am absoluten Nullpunkt von $-273{,}15\,°C$ beträgt die Entropie Null. Es ist unmöglich, den absoluten Nullpunkt zu erreichen, da Systeme niemals einen so hohen Ordnungsgrad aufweisen können.

Wir können also daraus schließen, dass überall, in allen Stoffen bei noch so tiefer Temperatur, Fehlstellen enthalten sind – auch in einem hochgeordneten Kristall wie Diamant. Wenn es allerdings bei Zimmertemperatur bei uns zu Hause ab und an recht chaotisch aussieht, hilft leider kein Durchlüften und Abkühlen!

Warum nicht alles gasförmig ist – oder: Wie Enthalpie und Entropie zusammenwirken

Wir haben uns in den letzten Kapiteln mit der Frage auseinandergesetzt, welche Vorlieben Stoffe haben und erfahren, dass sie es bevorzugen, wenig (innere) Energie anzustreben, und dass sie zudem Zustände großer Unordnung bevorzugen.

Hier taucht die Frage auf, weshalb wir angesichts dieser Vorlieben nicht von lauter gasförmigen Stoffen umgeben sind, die alle einen hohen Unordnungsgrad aufweisen. Noch unbeantwortet ist auch die oben bereits aufgeworfene Frage, weshalb wir nicht von lauter energiearmen Stoffen wie Wasser und Kohlenstoffdioxid umgeben sind.

Die Antwort ist einfach: Weil Enthalpie und Entropie bei vielen Reaktionen in die entgegengesetzten Richtungen drän-

gen und somit beide Extreme – Entstehung nur energie-
armer Stoffe bzw. nur gasförmiger entropiereicher Stoffe –
verhindern.

Mathematisch kann man mit Hilfe der Gibbsschen Gleichung genau berechnen, wann eine Reaktion freiwillig abläuft. Diese Gleichung integriert Enthalpie, Entropie und die
Temperatur, bei der die Reaktion abläuft.[5] Ohne uns nun im
Detail in Berechnungen zu stürzen, schauen wir uns im Folgenden einmal an einigen alltäglichen Beispielen an, was
hinter dieser Gleichung steckt. Dazu wenden wir uns noch
einmal dem Phänomen der brennenden Kerze zu, die vielleicht ja auch noch in Ihrer Nähe leuchtet.

Beim Brennen werden Licht und Wärme abgegeben –
ein sicheres Zeichen dafür, dass die Produkte Wasserdampf
und Kohlenstoffdioxid weniger innere Energie enthalten als
die Ausgangsstoffe Sauerstoff und Wachs. Zudem bilden sich
aus einem Feststoff (Wachs) und einem Gas (Sauerstoff)
zwei Gase, was eindeutig auf eine Entropiezunahme, also
eine Zunahme der Unordnung, schließen lässt. Eine solche
Reaktion läuft immer freiwillig ab, weil in ihr – von den Ausgangsstoffen aus betrachtet – nur positive Veränderungen
enthalten sind. Sämtliche Verbrennungsprozesse, die unter
Wärme- und Lichtabgabe ablaufen, nehmen freiwillig ihren
Gang: Verbrennung von Holz und fossilen Brennstoffen, das
Abbrennen einer Zigarette u.a.m.

Auf keinen Fall wird dagegen eine Reaktion ablaufen, bei
der die innere Energie der Produkte und zudem auch noch
die Ordnung steigen – deshalb werden wir vergeblich darauf
warten, dass plötzlich aus Wasserdampf, Kohlenstoffdioxid
und Wärme ein Teelicht entsteht.

Dann gibt es noch die Reaktionen, bei denen Wärme
abgegeben wird und zugleich die Ordnung steigt. Ob die Reaktion freiwillig abläuft oder nicht, hängt ganz davon ab, welcher Einfluss überwiegt. Zunahme der Ordnung und Tempe-

ratur dürfen bei diesen Reaktionen nicht zu groß sein. Die Brennstoffzelle, bei der aus Wasserstoff und Sauerstoff Wasser gebildet wird und zugleich sehr viel Energie entsteht, ist ein Beispiel dafür.

Und schließlich gibt es auch Reaktionen, die von der Umgebung Energie aufnehmen, bei denen sich also Produkte bilden, deren innere Energie höher ist, bei denen aber zugleich die Unordnung zunimmt. Sie laufen dann freiwillig ab, wenn die Zunahme der Unordnung und die Temperatur recht hoch sind.

Soviel zu den freiwillig ablaufenden Reaktionen. Darüber hinaus gibt es aber zum Glück auch die Möglichkeit, mit Hilfe äußerer Einflüsse chemische Reaktionen durchzuführen, die freiwillig nicht ablaufen würden. Dazu müssen in der Regel viel Druck und hohe Temperaturen aufgewendet werden. Die chemische Industrie synthetisiert auf diese Weise gewünschte Produkte, die „freiwillig" sonst nicht entstehen könnten. Ammoniak (NH_3), Ausgangsstoff z. B. für stickstoffhaltige Dünger und daher für die Welternährung unverzichtbar, würde freiwillig niemals aus den Ausgangsstoffen Wasserstoff (H_2) und Stickstoff (N_2) entstehen.

Bei genügend äußerem Druck und Wärmezufuhr ließe sich auch aus Wasserdampf und Kohlenstoffdioxid Wachs herstellen – allerdings ohne Docht und Teelichtschale …

„Haben Sie Feuer?" – oder: Die Aktivierungsenergie bei chemischen Prozessen

Wir wissen nun sehr genau, warum eine Kerze brennt: Weil es für die Reaktionspartner gleich zwei Vorteile mit sich bringt – in Produkte niedrigerer Energie überzugehen und einen Zustand höherer Unordnung zu erreichen, denn schließlich sind beide Produkte gasförmig.

Nur – eine Kerze brennt trotz aller Vorteile für die Ausgangsstoffe niemals einfach so ab und kann getrost jahrelang an der Luft aufbewahrt werden. Dasselbe gilt für Zigaretten, deren Reaktion mit dem Luftsauerstoff zwar freiwillig ablaufen kann – aber erst, wenn wir sie anzünden! Chemisch formuliert führen wir der Kerze bzw. der Zigarette *Aktivierungsenergie* zu, damit die Verbrennung überhaupt starten kann. Ohne diese Aktivierungsenergie geschieht nichts und die Vorteile – Energiereduzierung, Entropieerhöhung – bleiben ungenutzt.

Warum müssen wir eine Kerze erst anzünden, damit sie brennen kann, beim Auto zuerst die Zündung betätigen, bevor das Benzin verbrennen und das Auto fahren kann und eine Zigarette anzünden, um sie rauchen zu können?

Bevor wir uns der Antwort zuwenden, sollten wir einen Augenblick lang die Weisheit der Natur würdigen, dank derer eben nicht alles, was brennen kann, sofort in Flammen aufgeht – kein Holzscheit, kein Teelicht, kein Tropfen Benzin bliebe verschont, auch nicht das Buch, das Sie gerade in der Hand halten: Papier brennt – wie Holz – lichterloh und die Antwort auf die Frage nach der Aktivierungsenergie bliebe Ihnen möglicherweise noch lange verwehrt.

Es gibt verschiedene Modelle, mit deren Hilfe das Phänomen der Aktivierung gedeutet werden kann. Ein sehr einleuchtendes Modell betrachtet die Bindungsverhältnisse der Ausgangsstoffe – also im Falle der Kerze von Wachs und Sauerstoff: Um sich überhaupt in die energieärmeren Produkte umwandeln zu können, müssen die bestehenden Bindungen der Ausgangsstoffe zunächst gelöst werden. Das erfordert Energie, denn schließlich haben sich diese Ausgangsstoffe gebildet, weil es für die beteiligten Atome von Vorteil war. Erst nach Lösung der Bindungen in den Ausgangsstoffen können Neukombinationen zu den energieärmeren Bindungen der Reaktionsprodukte erfolgen. Dabei wird so viel Energie frei, dass diese für die Aktivierung weiterer Ausgangsstoffe verwendet werden kann und die Reaktion ohne weiteres Zutun abläuft.

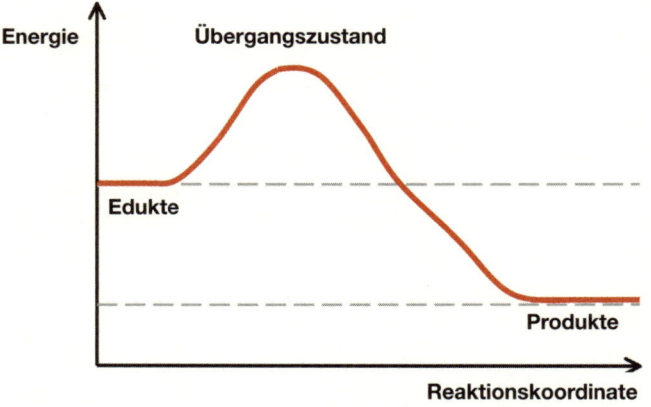

Abb. 19: Aktivierungsenergie

Nun nochmal alles ganz langsam am Beispiel der uns vertrauten Kerze: Mit einem Streichholz zünden wir den Docht an, der in der Regel aus Baumwolle besteht. Der Docht beginnt zu verbrennen und gibt dabei Wärme ab, durch die Wachs verflüssigt wird und dank der Kapillarwirkung der Baumwolle in den Docht aufsteigt. Ab jetzt wird nicht weiter der Docht verbrannt, sondern Wachs, das in der Mitte der Flamme so stark erhitzt wird, dass die Bindungen aufgebrochen – man sagt auch „gekrackt" – werden. Zu erkennen ist der gekrackte Wachsbestandteil an der gelben Farbe der Flamme. Nun verbinden sich die gekrackten Wachsgaspartikel allzu gerne mit dem Luftsauerstoff, um Neukombinationen zu den energieärmeren Bestandteilen Kohlenstoffdioxid und Wasser aufzubauen. Dabei wird viel Energie frei – bis zu 1200 °C im Falle der Kerzenflamme!

Entscheiden Sie selbst – ist es nicht wieder an der Zeit, sich dieses Naturschauspiel noch einmal live vor Augen zu führen?

Hilft, wenn's schnell gehen soll: der Katalysator

Umgangssprachlich verwenden wir den Ausdruck „katalytisch" manchmal im Zusammenhang mit Beschleunigung. Da hat etwas beispielsweise einen katalytischen Einfluss auf eine Entscheidung. Auch bei chemischen Reaktionen haben Katalysatoren eine beschleunigende Wirkung: Reaktionen, die normalerweise nur sehr langsam ablaufen würden, nehmen mit einem Katalysator plötzlich einen schnellen Verlauf. Was genau geschieht dabei?

Der Katalysator ist ein Stoff, mit dessen Hilfe es bei einer chemischen Reaktion gelingt, über weniger energiereiche Zwischenprodukte zu den „endgültigen" Produkten zu gelangen. Die Ausgangsstoffe werden mit Hilfe der Katalysatoren in einen weniger energiereichen Übergangszustand überführt, bevor sie die Neukombination zu den neuen Produkten eingehen. Letztendlich bewirken Katalysatoren dadurch eine Beschleunigung der Reaktion, weil es für die Ausgangsstoffe schneller möglich ist, den sogenannten Energieberg zu überschreiten.

Die folgende Abbildung zeigt die Veränderung des Reaktionsverlaufs mit Hilfe einen Katalysators (orange) im Vergleich zu einer Reaktion ohne Katalysator (schwarz).

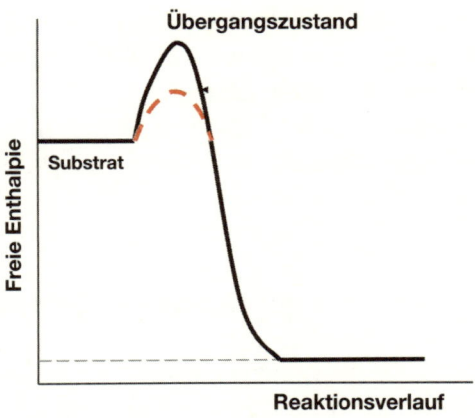

Abb. 20: Wirkungsweise eines Katalysators.
Die Aktivierungsenergie wird herabgesetzt

Jeder weiß, dass neuere Autos über einen Katalysator verfügen. Was beschleunigt der Katalysator beim Auto? Nicht die Fahrgeschwindigkeit, sondern den Abbau von Abgasen, die durch die hohe Verbrennungstemperatur des Motors entstehen. Neben Kohlenstoffmonoxid und Kohlenstoffdioxid sowie – im Falle von Dieselmotoren – auch Schwefeldioxid sind es vor allem Stickoxide, die bei sehr hohen Temperaturen aus dem Stickstoff und dem Sauerstoff der Luft entstehen: Stickstoffmonoxid (NO) und Stickstoffdioxid (NO_2). Stickoxide (NO_X) sind Atemgifte und tragen mit zur Bildung des Sauren Regens bei. Außerdem sind sie an der Entstehung von Ozon in der bodennahen Atmosphäre beteiligt. Aus diesem Grunde steigen jedes Jahr im Sommer die Ozonwerte in Ballungsgebieten mit viel Straßenverkehr an.

Die Stickoxide sind deutlich energiereicher als der Stickstoff und der Sauerstoff der Luft, weshalb zu ihrer Entstehung auch die hohen Temperaturen des Verbrennungsmotors beitragen. Entsprechend reagieren sie leicht in die Ausgangsstoffe Stickstoff und Sauerstoff zurück – wenn da nur nicht die hohe Aktivierungsenergie dazwischen wäre, die die Rückreaktion sehr verlangsamt. Diese Rückreaktion wird durch den Autokatalysator beschleunigt.

Ein Autokatalysator besteht aus einem Keramikeinsatz, der mit kleinen Kanälen durchzogen ist, die mit fein verteiltem Platin beschichtet sind. Dieses Platin wirkt letztlich als Katalysator und führt dazu, dass sich aus dem sehr giftigen Kohlenstoffmonoxid und den Stickstoffoxiden die Gase Kohlenstoffdioxid und Stickstoff bilden. Für die Entdeckung des Mechanismus, der hinter einer solchen katalytischen Reaktion steckt, wurde Gerhard Ertl im Jahr 2007 der Nobelpreis für Chemie verliehen. Es zeigt sich, dass sich die Bindungen der Stickstoffoxide an der Platinoberfläche leichter lösen lassen, weil die beteiligten Atome kurzfristig am Metall „andocken".

Der Katalysator selbst ist nach diesen Reaktionen unverändert, obwohl er während der Reaktion aktiv teilnimmt. Wie fast alle Katalysatoren ist auch der Autokatalysator sehr empfindlich. Ein sogenanntes Katalysatorgift für den Autokatalysator ist Blei, weshalb Autos, die über einen Katalysator verfügen, stets bleifrei betankt werden müssen.

Wenn es um die Wirtschaftlichkeit chemischer Prozesse geht, sind Katalysatoren besonders gefragt: Sie sparen schlichtweg Energiekosten, weil durch sie die Aktivierungsenergie herabgesetzt werden kann. Daher ist beim Wettlauf um die wettbewerbsfähigsten Produkte immer die Katalysatorentwicklung ganz entscheidend. Bislang gibt es nur wenige Erkenntnisse darüber, welche Reaktionen durch welche Katalysatoren optimal beschleunigt werden. Bekannt ist, dass metallisches Platin bei Reaktionen mit Wasserstoff eine große Rolle spielt, aber insgesamt gibt es noch viele „weiße Flecken" auf der Landkarte der Chemie. Hier neue Erkenntnisse zu gewinnen gibt Anlass zur Hoffnung, in Zukunft weniger energieaufwändig produzieren zu können. Ein großer Teil der zukünftigen

Innovationen wird sicherlich durch die geeignete Katalysator-Technologie mitbestimmt werden. Allerdings müssen wir uns, was die Fortschritte angeht, auf längerfristige Forschungsarbeit nach dem Prinzip „Versuch und Irrtum" einstellen. Die Natur, die ja auch deutlich mehr Zeit für die Entwicklung von Katalysatoren zur Verfügung hatte, ist der menschlichen Katalysator-Forschung um Längen voraus. Sehen wir uns die biochemische Lösung im folgenden Kapitel etwas genauer an.

Enzyme

Leben wäre ohne Katalysatoren nicht möglich! Allein das winzige Darmbakterium Escherichia Coli, eines der bestuntersuchten biologischen Systeme, enthält ca. 4000 unterschiedliche spezifische Reaktionsbeschleuniger, also Biokatalysatoren, auch Enzyme[6] genannt. Chemisch gesehen bestehen Enzyme aus Proteinen, also Eiweißmolekülen.

Wie ist es möglich, dass in einer so komplexen „chemischen Fabrik" wie in unserem Körper oder in anderen Lebewesen ein Enzym genau weiß, welche chemische Reaktion wann beschleunigt werden muss? Dazu hat sich die Natur des Schlüssel-Schloss-Prinzips bedient: Das Enzym erkennt das richtige Substrat, also den Stoff, mit dem es kurzfristig eine Reaktion eingehen soll, an dessen Form. Passt dieses genau in das sogenannte aktive Zentrum des Enzyms, kann die Reaktion katalysiert werden.

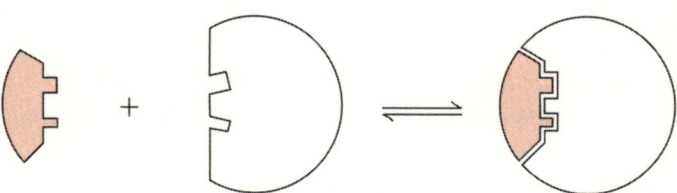

Ähnlich wie Autokatalysatoren auf Blei reagieren auch Enzyme auf Fremdstoffe. In diesem Fall wird das aktive Zentrum des Enzyms durch einen „falschen Schlüssel" blockiert und kann seine ursprüngliche Aufgabe nicht mehr erfüllen. Arsenverbindungen sind beispielsweise solche Enzymgifte, die sich an die schwefelhaltigen Gruppen des aktiven Zentrums binden, was z. B. zu einer reduzierten Blutbildung führen kann.

Nachts sind alle Katzen grau – oder: Was Licht mit Farben zu tun hat

Natürlich wünsche ich Ihnen einen stets erholsamen Schlaf, aber wenn Sie demnächst einmal dennoch mitten in der Nacht wach werden sollten, können Sie die Zeit ja sinnvoll für eine naturwissenschaftliche Betrachtung nutzen: Versuchen Sie einmal im Dunkeln die unterschiedlichen Farben zu identifizieren. Das ist besser als Schäfchenzählen – denn bei genügender Verdunklung kommt immer nur ein langweiliges Grau-Schwarz heraus. Wo sind die Farben geblieben? Was geschähe, wenn die Nachttischlampe brennen würde? (Nicht anmachen! Das vertreibt den Schlaf komplett!)

Offensichtlich ist Licht erforderlich, damit wir Farben erkennen können. Und natürlich ist auch das Auge zum Erkennen von Licht und Farben wichtig. Aus einem unserer ersten Versuche wissen wir, dass ein brennendes Teelicht deshalb eine Flamme erzeugt, weil bei der Umsetzung von Wachs mit Luftsauerstoff zu Wasser und Kohlenstoffdioxid Energie frei wird. Auch das Sonnenlicht, für unseren Planeten die bedeutendste Lichtquelle, sendet Licht aus, weil durch Verschmelzen von zwei Wasserstoffatom-Kernen zu Heliumatom-Kernen sehr viel Energie frei wird. Aber was genau ist Licht – Energie, Materie, Welle?

Was ist Licht?

Die Natur des Lichts hat die Menschheit schon lange bewegt – entsprechend der Bedeutung, die Licht für das Überleben der Menschheit hat.

Schon 1690 wurde von dem niederländischen Physiker Christiaan Huygens (1629–1695) diskutiert, dass Licht – ähnlich wie Schall – eine Wellennatur habe. Diese Annahme wurde 200 Jahre später untermauert, als der schottische Physiker James Clerk Maxwell (1831–1879) die Theorie aufstellte, dass Licht eine elektromagnetische Welle sei, womit er Licht in die gleiche Reihe elektromagnetischer Wellen einordnete wie Radiowellen, Röntgenstrahlen, Wechselstrom oder Wärmestrahlen, die für unser Auge nicht sichtbar sind.

Neben dem Wellencharakter des Lichtes ist zudem aber auch sein Teilchencharakter nachgewiesen. Albert Einstein (1879–1955) konnte zeigen, dass Licht beim Auftreffen auf eine Metallplatte Elektronen herausschlagen kann und bezeichnete die Lichtteilchen als Photonen.

Die Eigenschaft des Lichts, sich einerseits wie eine Welle auszubreiten und sich andererseits wie ein Teilchen verhalten zu können, gilt als eines der bemerkenswertesten Geheimnisse der Natur und ist mit Begriffen wie ‚Dualismus-Charakter des Lichts‘ oder ‚Komplementarität‘ (Niels Bohr 1885–1962) in die Naturgeschichte und auch in die Erkenntnisphilosophie eingegangen. Der letzteren dient die Diskussion über das Wesen des Lichts als Beispiel dafür, wie sehr unsere Erkenntnisse von der Auswahl und Interpretation unserer Experimente abhängen und wie subjektiv unsere Erkenntnisse sind.

Im Folgenden werden wir uns ausschließlich auf den Wellencharakter des Lichtes beschränken, weil damit eine Vielzahl von Phänomenen recht einfach erklärt werden kann.

Licht als elektromagnetische Welle

Licht ist der Teil des Spektrums an elektromagnetischen Wellen, der eine Wellenlänge zwischen 400 und 700 nm (Nanometer)[1] aufweist. Doch bevor wir diesen etwas schwer verdaulichen Satz genauer beleuchten, schauen wir uns einmal an, in welcher Gesellschaft sich Licht in diesem elektromagnetischen Spektrum befindet.

Optisches Spektrum des Lichts

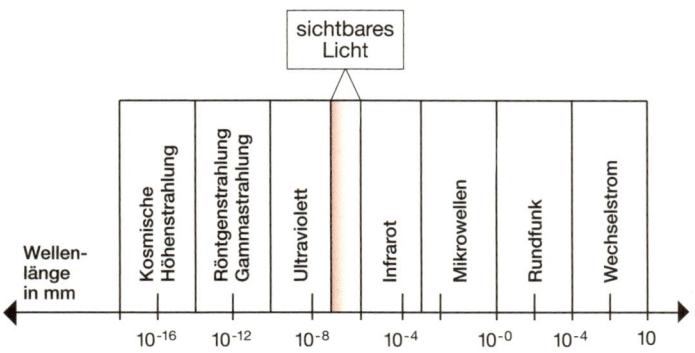

Abb. 21: Spektrum elektromagnetischer Wellen, aber in umgekehrter Reihenfolge

In Abbildung 21 finden wir, von links nach rechts betrachtet, bekannte Strahlenarten mit zunehmender Wellenlänge. Die Strahlen mit der kürzesten Wellenlänge sind die kosmischen Höhenstrahlen. Sie sind die energiereichsten, uns bekannten Strahlen und für den Menschen extrem schädlich. Ebenfalls sehr gefährlich, aber etwas weniger energiereich, d. h. etwas langwelliger, sind die radioaktiven Gammastrahlen und Röntgenstrahlen. Es folgt ein weiter Bereich von ultravioletten (UV-)Strahlen, wie sie z.T. auch im Sonnenlicht enthalten sind. Wie der Name „Ultra"[2]-Violett schon sagt, befindet sich diese

Strahlung jenseits des Violett des sichtbaren Lichtspektrums. Violett ist die Lichtfarbe mit der kürzesten Wellenlänge, d. h. recht energiereich. Insgesamt aber fällt auf, was für einen winzigen Bereich das sichtbare Licht im Gesamtspektrum elektromagnetischer Wellen einnimmt. Noch ein zweiter Aspekt geht aus dieser Betrachtung hervor: Licht setzt sich aus einer Vielzahl an Wellen unterschiedlicher Wellenlängen zusammen: An das energiereiche und kurzwellige Violett schließen sich Blau, Grün, Gelb und schließlich Rot an. Rot ist der langwelligste und energieärmste Teil des Lichts.

Wenn wir das Spektrum weiter nach rechts verfolgen, tauchen wir nun wieder in den unsichtbaren Teil der Strahlungen ein: Infrarot[3] (IR) ist eine energiearme Wärmestrahlung mit relativ langen Wellenlängen. Wir bleiben im energiearmen Bereich, denn die Wellenlängen vergrößern sich nach rechts: Mikrowellen werden gefolgt von dem breiten Spektrum an Rundfunkwellen bzw. akustischen Wellen und schließlich endet das Spektrum mit den sehr energiearmen Wellen des Wechselstroms, deren Wellenlänge bereits im Kilometerbereich liegt. Im Folgenden schauen wir uns den kleinsten Wellenbereich der elektromagnetischen Wellen genauer an, der für unser Leben von so entscheidender Bedeutung ist – das Licht.

Weißes Licht enthält alle Farben

Sichtbares Licht wird durch das Sinnesorgan unserer Augen wahrgenommen, die genau den Wellenlängenbereich zwischen 400 und 700 Nanometer aufnehmen und als Signal zur Verarbeitung an das Gehirn weiterleiten können. Wären unsere Augen für einen breiteren Wellenlängenbereich konstruiert, gelänge es uns, auch die angrenzenden Wellenlängenbereiche, also Infrarot und Ultraviolett, zu sehen.[4] Zum

Teil werden die nicht sichtbaren Wellenlängenbereiche von uns durch andere Sinnesorgane erfasst, so z.B. die Wärmestrahlung durch unsere Haut. Radiostrahlen werden von unseren Ohren wahrgenommen, aber ausgerechnet der kurzwellige und daher für den Menschen so gefährliche Bereich der kosmischen bzw. radioaktiven Strahlung korrespondiert mit keinem unserer Sinnesorgane, weshalb unser Körper uns vor dieser Art Strahlung nicht warnen kann.

Das Sonnenlicht, das von unseren Augen als sogenanntes weißes Licht wahrgenommen wird, enthält – auch wenn wir dies nicht unmittelbar wahrnehmen können – alle Wellenlängenbereiche zwischen dem roten energiearmen und dem blauen energiereichen Licht. Manchmal haben wir Gelegenheit, als Naturbetrachter Zeuge dieser Zusammensetzung des weißen Lichts zu sein, nämlich dann, wenn wir einen Regenbogen entdecken. Er entsteht, weil sich das Sonnenlicht an den Wassertropfen bricht. Dabei wird das kurzwellige Violett von den Wassertropfen stärker abgelenkt als das langwellige Rot, so dass es zu einer Aufspaltung der Wellenlängenbereiche im weißen Licht kommt.

 Künstlich können wir mit einigem Geschick diese Lichtbrechung zu Hause an Prismen oder Glasfensterschmuck erzeugen. Auch hier treffen die unterschiedlichen Wellenlängen auf ein anderes Medium als Luft, nämlich Glas, und werden dort sowohl beim Eintreten in den Glaskörper als auch beim Austritt je nach Wellenlänge unterschiedlich stark abgelenkt. Das Ergebnis sind die Regenbogenfarben an der Wand oder Zimmerdecke.

Einer regelmäßig auftretenden Lichtbrechung ist es zu verdanken, dass uns der Himmel blau erscheint: Beim Eintritt der Sonnenstrahlung in die Atmosphäre wird das Licht durch Auftreffen auf Luftpartikel gestreut.

Die kurzwelligen blauen Lichtanteile werden dabei viel stärker abgelenkt und lassen für den Betrachter des Himmels diesen blau erscheinen.

Und wie entsteht das Abendrot? Abends muss das Sonnenlicht (bei Tiefstand der Sonne vom Betrachter aus gesehen) einen längeren Weg durch die Atmosphäre zurücklegen. Dabei geht ein großer Teil der kurzwelligen blauen Komponente des Sonnenlichts verloren. Übrig bleibt der langwellige Anteil: Der Himmel erscheint gelb und rot.

Es ist technisch ohne viel Aufwand möglich, Licht einer bestimmten Farbe zu erzeugen. Dazu wird entweder nur eine bestimmte Wellenlänge künstlich erzeugt oder aber die anderen Wellenlängen des weißen Lichts werden durch Farbfilter ausgeblendet, indem nur ein bestimmter Wellenlängenbereich des Lichts den Filter passieren kann. Man spricht dann von monochromatischem Licht (griechisch „mono" = „eins"; „chroma" = „Farbe").

Ohne Licht keine farbigen Gegenstände

Die Farbigkeit von Gegenständen – etwa einem T-Shirt oder einer Hose – erklärt sich etwas anders als die Farbigkeit eines Regenbogens, die direkt aus den Lichtfarben und deren Aufspaltung durch Lichtbrechung entsteht.

Das Licht der Sonne (oder einer Lampe mit den Wellen-längenbereichen des Sonnenlichts), das auf Gegenstände trifft, wird von diesen unterschiedlich aufgenommen bzw. zurückgeworfen, man sagt auch „absorbiert" bzw. „reflektiert". Ein weißer Gegenstand wie beispielsweise ein Joghurtbecher reflektiert die gesamten Lichtstrahlen; diese „prallen" sozusagen von der Oberfläche wieder ab. Ein schwarzer Gegenstand absorbiert dagegen das gesamte Licht, nimmt also alle Lichtstrahlen auf. Wenn wir in der Sonne ein schwarzes T-Shirt tragen, wird es uns darunter warm, denn das Licht wird vollständig aufgenommen und in Wärme umgewandelt. Ein weißes T-Shirt, das das gesamte Licht reflektiert, kann dagegen keine Lichtstrahlen in Wärme umwandeln.

absorbiertes Licht Wellenlänge [nm]	absorbierte Farbe	Farbeindruck (beobachtete Farbe)
730	Purpur	Grün
640	Rot	Blaugrün
590	Orange	Blau
550	Gelb	Indigoblau
530	Gelbgrün	Violett
510	Grün	Purpur
490	Blaugrün	Rot
450	Blau	Orange
425	Indigoblau	Gelb
400	Violett	Grünlich-Gelb

Tab. 13: Zusammenhang zwischen Farbigkeit, absorbiertem und reflektiertem Licht

Und wie verhalten sich blaue, gelbe oder rote Gegenstände? Auch diese absorbieren und reflektieren Lichtstrahlen, nur nicht komplett, wie bei schwarzer Farbe.[5] Die Farbe, die wir mit dem Auge erkennen, entspricht dem Teil des Lichts, der reflektiert wird, alle anderen Lichtstrahlen werden gleichzeitig absorbiert und in Wärme umgewandelt. Ein Beispiel: Vielleicht tragen Sie ja gerade eine blaue Hose. Warum erscheint die Hose blau? Weil das Material, oder besser die Farbbehandlung, mit der die Fasern versehen wurden, das Licht folgendermaßen „trennt": Der eine Teil des Lichts wird absorbiert, der andere, sichtbare reflektiert. Absorbiert wird in diesem Fall die Farbe Orange. Diese Farbe entspricht einer ganz bestimmten Wellenlänge des Lichts, nämlich 590 Nanometer. Dieses absorbierte Licht wird in Wärme umgewandelt, das nicht absorbierte Licht bildet die für uns sichtbare Farbe blau (vgl. Tab. 13).

Der Trick der Bäume:
Energiegewinnung durch Rotfärbung

Zum Wechsel der Jahreszeiten gehören die Farbänderungen in den Laubwäldern: vom zarten Grün der Blätter im Frühling über ein sattes Grün im Sommer bis hin zur Rotfärbung im Herbst. Mit der Rotfärbung hat es – wie wir aus dem vorigen Kapitel erahnen können – etwas ganz Besonderes auf sich:

In den grünen Blättern eines Baumes sind zwei Farbstoffe enthalten, ein grüner mit dem Namen Blattgrün oder Chlorophyll und ein gelber mit dem Namen β-Carotin, ein Farbstoff, der z. B. auch in Tomaten, Möhren oder Paprika für die Orangerotfärbung verantwortlich ist.

In einem etwas aufwändigeren Experiment können Sie sich davon überzeugen, dass selbst in grünen Grashalmen zwei verschiedene Farbstoffe enthalten sind: Dazu benötigen Sie frisches Gras oder andere grüne Pflanzenstoffe, etwas Waschbenzin oder Brennspiritus, Kreide (unbedingt aus Calciumcarbonat!) und ein klei-

nes Schälchen. Das Gras wird zerschnitten oder mit einem Küchenmörser zerkleinert und in das Schälchen gegeben. Nun wird so viel Waschbenzin oder Brennspiritus auf das zerkleinerte Gras gegeben, dass dieses gerade bedeckt ist und anschließend wird die Kreide in der Mitte der Schale senkrecht aufgestellt. Nach einiger Zeit wird die Flüssigkeit von der Kreide aufgesaugt und es bilden sich an ihr ein grüner und ein gelblicher Ring. Die beiden Pflanzenfarbstoffe Chlorophyll und β-Carotin werden durch dieses Experiment voneinander getrennt, weil sie – in Waschbenzin gelöst – unterschiedlich von der Kreide aufgenommen werden.

Übrigens hat die Trennung der beiden Blattfarbstoffe historische Bedeutung: Michael Tswett (1872–1919), ein russischer Botaniker und Chemiker, hat Anfang des 20. Jahrhunderts mit diesem Trennverfahren die Chromatographie begründet, eines der bedeutendsten Nachweis- und Trennverfahren, mit dem noch heute insbesondere komplexe organische Substanzen gewonnen und identifiziert werden.

Warum ist das Laub mit unterschiedlichen Farbstoffen ausgerüstet? Im Sommer, wenn die Blätter des Baumes der intensiven Sonneneinstrahlung ausgesetzt sind, dominiert der grüne Farbstoff und überlagert das β-Carotin, weil von dem Blatt langwelliges, vergleichbar energiearmes Rot aus dem Sonnenlicht absorbiert werden kann und das reflektierte Licht grün erscheint. So schützt sich das Blatt vor zuviel Energieaufnahme, die letztlich zu

Verbrennungen führen könnte. Wenn der Sonnenstand im Herbst deutlich niedriger ist, so dass die Intensität der Sonneneinstrahlung rapide abnimmt, zieht der Baum das Chlorophyll aus den Blättern ab und wandelt es in Energie um. Zurück bleibt das β-Carotin, das den Blättern den rötlichen Farbton verleiht. β-Carotin absorbiert kurzwelliges und energiereiches Grün, so dass für den Betrachter die rote Farbe resultiert. Dem Baum gelingt es auf diese Weise, aus dem Sonnenlicht möglichst viel Energie zu gewinnen. Genau genommen werden die Blätter im Herbst nicht rot gefärbt, sondern vom Grün entfärbt, die rote Farbe bleibt im Blatt zurück.

Nun wird auch verständlich, weshalb es in der belebten Natur so wenig schwarze und weiße Färbungen gibt: Schwarz absorbiert das gesamte Licht und würde zu Verbrennungen führen, weiß absorbiert kein Licht, so dass keine Energieaufnahme erfolgen kann.

Die Farbvielfalt von heute und die Tristesse des Altertums und Mittelalters

Farbigkeit begegnet uns heute auf Schritt und Tritt: T-Shirts sind in allen denkbaren Farbnuancen erhältlich, Papier ist mit einer bunten Farbpalette bedruckt und die Werbung macht sich den seelischen Einfluss der Farben zunutze. Farbigkeit ist ein Privileg der Neuzeit und Moderne. Früher war Farbigkeit im Wesentlichen nur der Pflanzen- und Tierwelt sowie einigen wenigen Mächtigen und Reichen vorbehalten.

In früheren Zeiten hatte die Farbe von Kleidung Statussymbolcharakter: Nur die Mächtigen hatten das Recht, leuchtend bunte Kleidung zu tragen und konnten sich so von der armen Schicht im wahrsten Sinne des Wortes abheben. Die Kleidung der einfachen Menschen war vor der Entwicklung künstlicher Farbstoffe trist und eintönig.

Farbstoffe wurden im Altertum und Mittelalter aus der Natur gewonnen. Vor allem der von den Privilegierten bevorzugte Rotfarbstoff wurde unter Anwendung kostspieliger Methoden produziert, die sich eben nur die Reichen leisten konnten.

Der Purpurfarbstoff wurde aus den Drüsen der Purpurschnecke gewonnen: Um ein Gramm des Farbstoffs herzustellen, wurden rund 8000 Schnecken benötigt. Bei den Römern war der teure Purpurfarbstoff den Senatoren und Kaisern vorbehalten. Nur der Cäsar durfte ein mit Purpur gefärbtes Gewand tragen, die Senatoren mussten sich mit einem purpurnen Streifen an ihrer Toga begnügen.

Eine der ältesten Purpurfärbereien befand sich in Syrien. Noch heute kann man am Strand von Sidon im Libanon meterhohe Reste der Schneckenhäuser finden.

Mit der Eroberung Mexikos im 16. Jahrhundert fanden die Spanier eine weitere Herstellungsmöglichkeit für einen Rotfarbstoff, mit dem die Azteken ihre Kleidung färbten: Karmin. Die Farbe wurde aus den weiblichen Cochenilleschildläusen gewonnen, die auf Disteln und Feigenkakteen leben. Auch dieses Verfahren war äußerst aufwendig: Ein Kilogramm Cochenilleläuse ergab ca. 50 Gramm Karmin.

Weitere natürliche Farbstofflieferanten waren in Europa die Krapp-Pflanze, aus der der kräftig rote Farbstoff Alizarin hergestellt wurde, sowie die Indigopflanze, aus der der blaue Indigofarbstoff gewonnen wurde.

Mit der Entwicklung der ersten synthetischen Farbstoffe um das Jahr 1835 aus Anilin, einem Inhaltsstoff des Steinkohlenteers, kam buchstäblich die herkömmliche „Kleiderordnung" ins Wanken. Nun konnten Farbstoffe für Jedermann hergestellt werden: Anilinblau, Fuchsinrot, Kristallviolett oder Malachitgrün sind nur einige Farbtönungen, die aus Anilin synthetisch zugänglich waren. Es folgten weitere Synthesemöglichkeiten aus anderen Ausgangsstoffen. In diese Zeit fiel die Gründung zahlreicher Farbstofffabriken, so z. B. der bedeutenden Unternehmen der Farbenfabrik Hoechst im Jahre 1863, des Unternehmens Bayer im Jahre 1863 und der BASF (Badische Anilin- und Sodafabrik) im Jahre 1865.

Die Chemie der Atomkerne

Wir haben uns schon recht ausführlich damit befasst, wie sich die Elektronen der äußersten Schalen der Atome verhalten, und wir haben die daraus resultierenden Bindungsarten – Ionenbindung, polarisierte Atombindung, reine Atombindung und metallische Bindung – kennen gelernt (S. 33 ff.). Mit dem Merksatz

Alle chemischen Reaktionen finden im Wesentlichen zwischen den Außenelektronen der beteiligten Atome statt. Die Neutronen und Protonen sind niemals direkt beteiligt und auch die Elektronen der inneren Schalen spielen bei den meisten Reaktionen eine eher untergeordnete Rolle.

haben wir chemische Reaktionen, die sich aufgrund von Veränderungen im Atomkern ereignen, zunächst ausgeblendet.

Kernchemische Reaktionen finden im Wesentlichen durch Umwandlungen im Atomkern statt. Die Elektronen des Atoms sind bei der Reaktion nicht unmittelbar beteiligt.

Bevor wir uns im letzten Kapitel insbesondere mit einem speziellen Teil der Kernchemie, nämlich der natürlichen Radioaktivität, befassen werden, soll zunächst das große Gebiet der Kernreaktionen abgesteckt werden.

Grundsätzlich unterscheidet man künstliche Kernreaktionen von natürlichen. Zu den natürlichen Kernreaktionen zählen zum einen die Kernumwandlung unter Aussendung von Strahlung oder die Kernspaltung, bei der sogenannte schwere Kerne in zwei Tochterkerne unter zusätzlicher Aussendung von Neutronen zerfallen. Auch die Kernfusion zählt zu den natürlichen Kernumwandlungen; dabei verschmelzen zwei Atomkerne unter extrem hohen Temperaturen zu einem neuen Atomkern. Kernfusionen sind die Energiequelle der Sterne, wobei Wasserstoffkerne über mehrere Zwischenschritte bei einer Temperatur von zehn Millionen Grad Celsius zu Heliumkernen verschmelzen – es muss für diesen Reaktionstyp also recht warm sein. Der Einsatz der hohen Temperatur zahlt sich aus: Die Bildung von einem Kilogramm Helium mittels dieser Reaktion liefert eine Energie von rund 115 000 000 Kilowattstunden (kWh). Das entspricht dem gesamten deutschen Strombedarf in zwei Stunden. Derzeit sind auf der Erde Kernfusionen wegen der hohen Reaktionstemperaturen technisch noch nicht durchführbar. Hier liegt möglicherweise in weiter Zukunft eine Lösung des stetig wachsenden Energieproblems, indem auf künstlichem Wege Kernfusionen erzeugt werden.

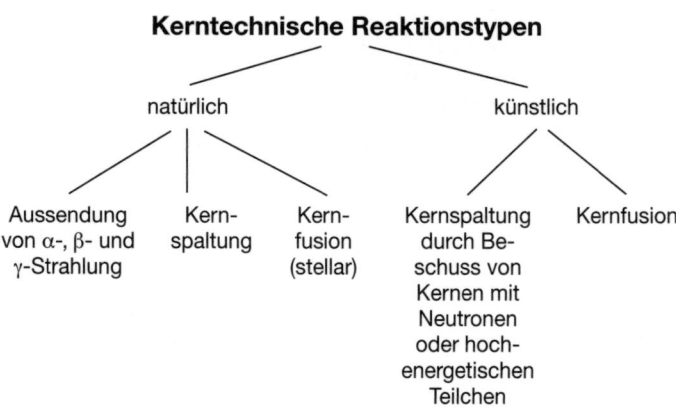

Abb. 22: Einteilung kernchemischer Reaktionstypen

Bei weiteren – künstlichen – Kernreaktionen wird ein Atomkern durch Elementarteilchen, meistens Neutronen oder andere hochenergetische Teilchen, beschossen, so dass sogenannte instabile Kerne erzeugt werden, die durch Kernspaltung und unter großer Energieabgabe zerfallen.

Auch wenn jeder einzelne Kernreaktionstyp von allergrößtem Interesse ist und Kenntnisse über die Hintergründe dieser Reaktionen sicherlich manche Nachrichtenmeldung verständlicher machen könnte, konzentrieren wir uns im Folgenden ausschließlich auf die natürlichen Kernreaktionen: Sie bauen auf Dingen auf, die in diesem Buch bereits besprochen wurden; sie sind von großer Bedeutung für Umweltfragen, und nicht zuletzt wird am Beispiel der natürlichen Kernreaktionen das Wesentliche sämtlicher Kernreaktionen deutlich.

Natürliche Radioaktivität – wenn die Atomkerne zu schwer werden

Zu Beginn dieser Einführung in die Chemie haben wir uns mit dem Aufbau der Atome befasst und dabei die einzelnen Elementarteilchen kennen gelernt. Wenden wir unseren Blick noch einmal auf den Kern der Atome, da dieser ja für kernchemische Reaktionen entscheidend ist. Wir haben gesehen, dass sich im Kern die positiv geladenen Protonen und die neutralen Neutronen befinden, die jeweils eine Masse von 1 u haben. Die Protonen stoßen sich entgegen dem Prinzip, dass sich gleiche Ladungen gegenseitig abstoßen, nicht voneinander ab, weil die positiven Ladungen durch die Neutronen kompensiert werden und auf kurze Entfernungen besondere Anziehungskräfte wirken.

Schauen wir uns anhand des Periodensystems das Zahlenverhältnis zwischen Protonen und Neutronen bei steigender Ordnungszahl (zur Erinnerung: Die Ordnungszahl wird bestimmt durch die Anzahl der Protonen im Atomkern) einmal genauer an. Es fällt auf, dass die Anzahl der Neutronen deutlich gegenüber der Protonenzahl ansteigt: Während etwa bei Kohlenstoff, Stickstoff und Sauerstoff die Anzahl der Protonen und Neutronen noch identisch ist, tendiert bei den schwereren Atomen das Zahlenverhältnis gegen 1,5; es liegt also etwa das 1,5-fache an Neutronen im Vergleich zu den Protonen vor. So hat beispielsweise Radon (Rn) 86 Protonen und 136 Neutronen. Die große Anzahl an Neutronen führt in den Atomkernen zu einer hohen Masse auf sehr kleinem Raum – wir erinnern uns: Atomkerne sind im Vergleich zu den Elektronenschalen extrem klein.

Ab einer bestimmten Protonenzahl wird der Atomkern instabil, weil die Abstoßungskräfte der Protonen nicht mehr kompensiert werden können. Dies trifft genau dann ein, wenn der Atomkern 84 und mehr Protonen enthält. Ein Blick in unser Periodensystem zeigt, dass es sich bei dem Element mit der Ordnungszahl 84 um Polonium handelt. Es ist das von der Ordnungszahl her gesehen erste Element, das natürlich radioaktiv vorkommt. Alle nachfolgenden Elemente sind ebenfalls radioaktiv, da auch hier die hohe Anzahl an Protonen durch keinerlei Kernanziehungskräfte stabilisiert werden kann. Was muss geschehen, damit die Atomkerne eine geringere und damit stabilere Anzahl an Elementarteilchen erhalten? Richtig – sie müssen sie loswerden. Wie dies geschieht, erfahren wir im folgenden Kapitel.

Zur Geschichte der Entdeckung der Radioaktivität

Ende des 19. Jahrhunderts untersuchte der französische Physiker Antoine Henri Becquerel (1852–1908) die Phosphoreszenzspektren einzelner Mineralien. Unter Phosphoreszenz versteht man die Eigenschaft mancher Stoffe, noch nachzuleuchten, wenn die Einwirkung von Licht oder Röntgenstrahlen schon beendet ist. Becquerel setzte die Mineralien Licht aus und wickelte sie dann mit einer Fotoplatte in lichtdurchlässiges Papier. Als er einige Präparate in einem dunklen Raum ablegte, ohne sie zuvor einer Lichtquelle auszusetzen, und sie dort mit einer Fotoplatte abdeckte, bemerkte er, dass die Platte dennoch geschwärzt wurde, obwohl kein Licht eingefallen sein konnte. Es musste sich dabei also um Strahlen handeln, die unabhängig von äußeren Einwirkungen entstanden waren.

Becquerel berichtete der Pariser „Académie des Sciences" von seiner Entdeckung und veröffentlichte Texte, in denen er die von ihm nachgewiesene Strahlung zu erklären versuchte. Zwischen Becquerel und dem Wissenschaftler-Ehepaar Marie (1867–1934) und Pierre Curie (1859–1906) begann ein reger Austausch an Forschungsergebnissen. Marie Curie prägte den Begriff „Radioaktivität" (von lateinisch „radiare" = „strahlen"), nachdem sie bei thoriumhaltigen Verbindungen die gleiche Strahlenart entdeckte. Um was für Strahlen es sich bei dieser Radioaktivität genau handelte, lag seinerzeit noch völlig im Dunkeln und musste anhand von größeren Mengen radioaktiven Materials und intensiver radioaktiver Strahlung genauer identifiziert werden.

Die von Uran und Thorium ausgehende radioaktive Strahlung ist allerdings nur äußerst schwach, so dass es schwierig war, diese Strahlung zu charakterisieren. Das Auffinden radioaktiverer Elemente war daher für die Erforschung der neuen Strahlenart erforderlich. Deshalb wurde intensiv nach weiteren radioaktiven Elementen in Erzen gesucht.

Bei der Erforschung unterschiedlicher Uran-Mineralien fand Marie Curie einige Erzproben, die besonders radioaktiv waren, radioaktiver, als es allein durch Uran hätte möglich sein können. Sie kam zu dem Schluss, dass das Erz außer Uran ein anderes radioaktives Element enthalten musste. Da ihr sämtliche prozentual bedeutsamen Mengen des Erzes bekannt waren, konnte das unbekannte Element nur in sehr kleinen Mengen vorhanden sein und musste außerordentlich starke Radioaktivität aufweisen.

Während des Jahres 1898 bereiteten sie und ihr Mann große Erzmengen auf, um auf diese Weise zu versuchen, die Radioaktivität zu konzentrieren. Nach einigen Monaten fanden sie tatsächlich ein neues, stark radioaktives Element, das nach Marie Curies Geburtsland Polen „Polonium" genannt wurde. Einige Monate später entdeckten Pierre und Marie Curie noch ein radioaktives Element – Radium. Hierzu mussten sie mehrere Tonnen Pechblende aufbereiten, um weniger als ein Gramm dieses Elements zu erhalten. Diese Extraktionen, bei denen Tonnen des Minerals in seine Bestandteile zerlegt wurden, geschahen unter widrigen Umständen in Labors ohne jeden Komfort.

Im Jahr 1903 erhielten Becquerel und das Ehepaar Curie gemeinsam den Nobelpreis für Physik.

Die unterschiedlichen Arten natürlicher Radioaktivität

Als um die Wende zum 20. Jahrhundert die Radioaktivität entdeckt wurde, hatte man – im Unterschied zu uns – keine Vorstellung vom Aufbau der Atome und war von der Erkenntnis, dass im Atom ein Atomkern, bestehend aus Protonen und Neutronen, existiert, weit entfernt. Umso schwieriger war es, sich irgendeine Vorstellung von der Art der radioaktiven Strahlung zu machen.

Zunächst untersuchte Rutherford, dessen Ideenreichtum wir schon im Zusammenhang mit dem Goldfolienversuch auf S. 40 kennen gelernt haben, im Jahr 1899 das Durchdringungsvermögen dieser neuen Strahlungsart und stellte fest, dass eine Komponente dieser Strahlung kaum in Materie eindringt, während eine weitere Komponente deutlich tiefer eindringen kann.

Es folgten weitere Untersuchungen, bei denen die Ablenkung durch ein Magnetfeld gemessen wurde. Hierbei wurde eine dritte Komponente entdeckt. Für die drei Strahlungsarten prägte Rutherford die Bezeichnungen α-(alpha), β-(beta) und γ-(gamma) Strahlung. Erst viel später, mit der Entdeckung der Neutronen, konnte man Erkenntnisse darüber gewinnen, woraus diese Strahlungen genau bestehen.

Welche Eigenschaften haben diese drei unterschiedlichen radioaktiven Strahlungsarten?

α-Strahlung

Wenn ein Atomkern instabil ist, weil er zu viele Protonen und Neutronen enthält, dann besteht ein Weg, die Masse des Atomkerns zu reduzieren, darin, Protonen und Neutronen aus dem Kern herauszuschleudern. Genau dies geschieht bei der Aussendung der α-Strahlung. Diese Strahlen bestehen aus zwei Protonen und zwei Neutronen. Man spricht auch von Heliumkernen, da auch diese genau aus zwei Protonen und zwei Neutronen zusammengesetzt sind, wie Ihnen ein Blick ins Periodensystem zeigt.

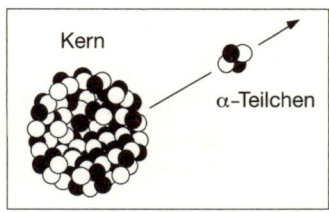

Abb. 23: α-Strahlung

Durch das Herausschleudern von zwei Protonen und zwei Neutronen verringert sich auch die Ordnungszahl des entsendenden Atoms um zwei – es entsteht also ein neues Element. So bildet sich durch den α-Zerfall von Uran mit der Ordnungszahl 92 Thorium mit der Ordnungszahl 90.

$$^{238}U \rightarrow {}^{234}Th + \alpha$$

Wegen der „drangvollen Enge", also der Instabilität des Atomkerns, werden die α-Teilchen mit einer enormen Geschwindigkeit herausgeschleudert, so dass sie auch von den Elektronenschalen nicht mehr aufgehalten werden können. Abgebremst werden sie erst, wenn sie auf Materie auftreffen. Es handelt sich nämlich bei diesen α-Strahlen genau um die Strahlungsart, bei der Rutherford nur eine geringe Durchdringungstiefe festgestellt hatte. In Luft haben sie nur eine Reichweite von wenigen Zentimetern und bereits durch ein einfaches Blatt Papier können α-Strahlen vollständig abgeschirmt werden. Auch die obersten abgestorbenen Hautschuppen haben bereits eine abschirmende Wirkung.

Gefährlich sind α-Strahlen dagegen, wenn sie in direkten Kontakt mit lebendem Gewebe kommen, da sie aufgrund ihrer hohen Energie, d. h. ihrer kurzen Wellenlängen, entweder das Gewebe direkt zerstören oder aber das Erbgut so verändern, dass es zu Mutationen kommt, die schließlich zu Krebs führen.

In den menschlichen Organismus können α-Strahlen beispielsweise durch das Einatmen von Aerosolen gelangen, so auch durch Zigarettenrauch, der stets geringste Mengen radioaktiven Poloniums enthält.

β-Strahlung

Im Unterschied zu α-Strahlen haben β-Strahlen eine viel geringere Masse und sind deutlich kleiner. Dadurch können sie sich schneller fortbewegen und wesentlich tiefer in Materie eindringen, da sie durch ihr geringes Volumen nicht so leicht „abprallen". Bei ihnen handelt es sich um hochenergetische Elektronen, die durch Zerfall eines Neutrons in ein Proton und ein Elektron entstehen. Natürlich vorkommende radioaktive Elemente senden dann bevorzugt β-Strahlen aus, wenn das Zahlenverhältnis zwischen Protonen und Neutronen im Kern ungünstig ist, in der Regel, wenn zu viele Neutronen im Kern vorhanden sind. Die Anzahl der Elementarteilchen ändert sich im Kern durch diesen Zerfall nicht, aber die Ordnungszahl erhöht sich um eins.

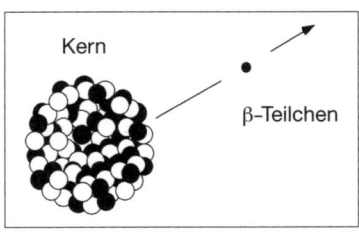

Abb. 24: β-Strahlung

γ-Strahlung

Bei der dritten radioaktiven Strahlungsart handelt es sich um die Strahlung, die bei den ersten historischen Versuchen zur Identifizierung von Radioaktivität nicht durch ein Magnetfeld bzw. ein Feld aus positiven und negativen Ladungen (vgl. S. 157) abgelenkt wurde. Das legt den Schluss nahe, dass es sich um eine ladungsfreie Strahlung handeln muss, im Falle von Ladungen – etwa den positiven α-Strahlen und den negativen β – erfolgt eine Ablenkung, wie wir bereits in einem unserer ersten Merksätze „Gleiche Ladungen stoßen sich ab, unterschiedliche Ladungen ziehen sich an" (vgl. S. 39) gesehen haben.

Bei diesen sogenannten γ-Strahlen handelt es sich um äußerst kurzwellige Strahlen, die ausgesendet werden, wenn ein Atomkern nach einem radioaktiven Zerfall in einem energetisch angeregten, instabilen Zustand vorliegt. Um in einen Zustand niedriger Energie zu gelangen, wird diese hochenergetische Strahlung abgegeben. Die Abgabe (man sagt auch: Emission) von γ-Strahlen verändert die Neutronen- und Protonenzahl des abgebenden (emittierenden) Kerns nicht, es folgt – wie gesagt – lediglich ein Übergang von einem angeregten Kernzustand in einen energieärmeren. γ-Strahlung entsteht häufig nach einer Emission von α- oder β–Strahlen.

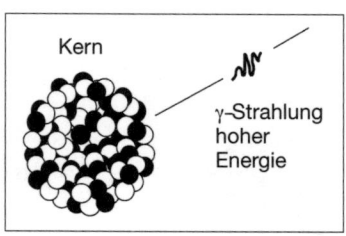

Abb. 25: γ-Strahlung

Die folgende Tabelle 14 fasst noch einmal die Reichweiten der unterschiedlichen radioaktiven Strahlungsarten zusammen:

Strahlungsart	Luft	Wasser	feste Materie
α-Strahlung	≤ 0,1 m	≤ 0,01 mm	0 cm
β-Strahlung	10 m	≤ 2 cm	10 mm
γ-Strahlung	100 m	10 cm	3 cm

Tab. 14: Reichweiten der radiaktiven Strahlung in Materie

Spontane Kernspaltung

Besonders schwere Kerne verringern die hohe Elementarteilchendichte nicht durch Aussendung von Strahlung, sondern zerfallen in zwei oder mehrere Bruchstücke und zudem in zwei oder mehrere Neutronen – man spricht auch von Kernspaltung.

Das Element Kalifornium mit der Protonenzahl 98 und einer Masse von 252 hat einen solchen instabilen Kern, der zu einem Zerfall des Elements in Barium und Molybdän führen kann und bei dem zudem auch noch drei Neutronen freiwerden. Genauso gut ist aber auch ein Zerfall in Zinn und Cadmium möglich, wobei zwei Neutronen entstehen.

Auf jeden Fall bleibt insgesamt die Anzahl der Neutronen und Protonen bei der Kernspaltung gleich.

Auch bei Uran kann es zu diesen spontanen Kernspaltungen kommen. Um darauf näher eingehen zu können, müssen wir zunächst einen neuen Begriff einführen, den des Isotops[1]. Bei Isotopen handelt es sich um Atome desselben Elements, allerdings unterscheiden sie sich durch eine unterschiedliche Anzahl an Neutronen. In Uran finden sich die Isotope ^{238}U (99,27 %), ^{235}U (0,72 %) und ^{234}U (0,0055 %), das nur in winzigen Spuren vorkommt. ^{238}U hat – wie leicht zu erkennen ist – drei Neutronen mehr als ^{235}U: Der Kern besteht aus 92 Protonen und 146 Neutronen.

^{235}U kann z. B. in Xenon und Strontium zerfallen und dabei zwei Neutronen freisetzen (emittieren) und ^{235}U kann alternativ auch in Barium und Krypton zerfallen, wobei drei Neutronen emittiert werden.

^{235}U ist die einzige bekannte, natürlich vorkommende Substanz, die zu einer Kettenreaktion fähig ist. Da es im natürlichen Uran nur in geringer Konzentration von etwa 0,72 Prozent vorkommt, wird sein Anteil zur Nutzung in Kernkraftwerken und Nuklearwaffen in technisch äußerst aufwändigen Verfahren konzentriert, d. h. angereichert. Schwach angereichertes Uran – ca. zwei bis vier Prozent ^{235}U – wird in Kernkraftwerken, hoch angereichertes Uran – über 80 Prozent ^{235}U – in Kernwaffen verwendet. Bei ca. 49 Kilogramm liegt die *kritische Masse* von ^{235}U, d. h. ab dieser Masse kann die Neutronenemission durch Kernspaltung eine Kettenreaktion mit erneuter Kernspaltung und Neutronenemission aufrechterhalten.

Allen bislang hier vorgestellten natürlichen Kernumwandlungen ist eines gemeinsam: Der genaue Zeitpunkt des Zerfalls ist nicht exakt vorhersagbar, Ursache und Wirkung sind nicht genau in Beziehung zu bringen. So wie nicht ganz genau bestimmt werden kann, welche Zerfallsprodukte aus einem Atom mit einem schweren Kern entstehen, so kann auch nicht der genaue Zeitpunkt bestimmt werden, wann α-, β- oder γ-Strahlung ausgesendet wird. Dennoch ist Radioaktivität kalkulierbar: Sogenannte *Halbwertszeiten* geben einen statistisch exakt gemittelten Wert an, nach wie viel Zeit noch die Hälfte der Ausgangssubstanz unverändert vorliegt. Diese Halbwertszeiten variieren bei radioaktiven Substanzen zwischen mehreren Millionen Jahren und Bruchteilen von Sekunden. So hat das Tellur-Isotop ^{128}Te die längste Halbwertszeit mit sieben Quadrillionen Jahren ($7 \cdot 10^{24}$) und das Beryl-liumisotop ^{8}Be die kürzeste Halbwertszeit mit 90 Trillionstel Sekunden ($9 \cdot 10^{-17}$).

Weshalb wir wissen, wie alt „Ötzi" ist – Die C^{14}-Methode

Radioaktivität findet auf zahlreichen technischen Gebieten An-wendung – bei weitem nicht nur bei der Energieerzeugung in Atomkraftwerken oder bei der Herstellung von Nuklear-waffen. Auf eine vielleicht weniger bekannte Nutzung, näm-lich die Altersbestimmung kohlenstoffhaltiger organischer Ma-terialien und damit eben auch von der 1991 in den Ötztaler Alpen gefundenen, „Ötzi" genannten Gletschermumie – soll in diesem abschließenden Kapitel zur Radioaktivität einge-gangen werden.

Kohlenstoff kommt in der Natur in drei Isotopen vor, als ^{12}C, ^{13}C und ^{14}C. In der Luft liegt der Anteil von ^{12}C bei 98,89 Prozent, der von ^{13}C bei 1,11 Prozent und verschwin-dend gering ist der Anteil von ^{14}C, er liegt nämlich bei 0,000 000 000 1 Prozent. Und genau um diesen Anteil geht es bei der Altersbestimmung nach der sogenannten ^{14}C-Methode.

^{14}C ist nicht stabil und zerfällt durch β-Strahlung mit einer Halbwertszeit von 5730 Jahren – d. h. in 5730 Jahren liegt noch die Hälfte der betrachteten Ausgangsmenge an radio-aktiver Substanz vor. Allerdings wird ^{14}C auch stets in den oberen Schichten der Erdatmosphäre neu gebildet und man geht davon aus, dass die Neubildung und der Zerfall der ^{14}C-Kerne sich ausgleichen und damit auch der Anteil der ^{14}C-Kerne am Gesamt-Kohlenstoff in der Atmosphäre konstant bleibt.

Da alle Lebewesen Kohlenstoff mit der Atmosphäre aus-

tauschen, entspricht in lebenden Organismen das Verteilungs-
verhältnis der drei o. g. Isotope dem der Atmosphäre.

Wenn dieser Austausch mit dem Tod eines Lebewesens
nicht mehr stattfindet, dann verändert sich das Kohlenstoff-
Verhältnis, weil die ^{14}C-Isotope zerfallen und nun nicht mehr
durch neu entstehende ersetzt werden können. Aus dem
Verhältnis zwischen dem Gehalt an ^{14}C und ^{12}C kann der
Tod eines Lebewesens mit allerdings nur relativ hoher Genauigkeit berechnet werden. Dabei ist die Messgenauigkeit
umso größer, je mehr Probenmaterial genommen werden
kann, da bei dem ohnehin schon verschwindend geringen
Anteil von ^{14}C der Nachweis der einzelnen β-Zerfälle nur
schwer möglich ist. Man benötigt ca. 1 Kilogramm Untersu-
chungssubstanz und sehr viel Zeit, um eine Genauigkeit von
40 Jahren zu erreichen. Bei sehr alten Proben, in denen ein
großer Teil des ^{14}C schon zerfallen ist, nimmt die Genauigkeit entsprechend ab und bei Proben, die älter als 50 000
Jahre sind, ist nur noch so wenig ^{14}C vorhanden, dass die
Nachweisgrenze erreicht ist.

Kommen wir zurück zu Ötzi. Auch seine Leiche wurde der
^{14}C-Methode unterzogen und aufgrund des Mengenverhält-
nisses zwischen ^{14}C und ^{12}C in seinem Gewebe konnte sein
Tod ziemlich exakt auf das Jahr 3340 v. Chr. datiert werden.

Mit dieser zugegeben nicht ganz zentralen technischen Anwendung kernchemischer Reaktionen soll beispielhaft gezeigt
werden, dass die Nutzung von Radioaktivität nicht von vorn-
herein immer negativ belegt werden kann. Ein Grundwissen
über die Zusammenhänge, die hinter einem Naturphänomen und seiner Anwendung stehen, kann helfen, ein fun-
diertes Urteil zu entwickeln.

Zu guter Letzt: Was blieb hängen?

Wir sind am Schluss des Buches angelangt und Sie fragen sich vielleicht: Habe ich das denn jetzt wirklich verstanden? Kenne ich mich nun ein bisschen besser in chemischen Fragen aus? Ganz genau kann ich diese Frage für Sie auch nicht klären, aber wenn Sie möchten, stellen Sie Ihr neu erworbenes Wissen doch auf die Probe. Wenn es Ihnen gelingt, Antworten auf die folgenden Fragen zu finden, ist Wesentliches hängengeblieben – herzlichen Glückwunsch! (Kurze Antworten auf diese Fragen sowie Hinweise, auf welchen Seiten im Buch sie behandelt werden, finden Sie auf S. 188 ff.) Für den Fall, dass Sie Ihre Kenntnisse nun noch weiter ausbauen möchten, finden Sie einige Literaturempfehlungen ganz am Ende dieses Buches.

1. In der griechischen Antike bezeichnete man mit dem Begriff ‚Atom' das Unteilbare. Ist das Atom tatsächlich die kleinste Einheit?

2. Welche Produkte entstehen neben Wärme und Licht bei einer brennenden Kerze?

3. Warum sind Metalle im Unterschied zu Ionen-Kristallen so leicht verformbar, ohne dass sie zerspringen?

4. Warum ist Wasser unter Normalbedingungen nicht gasförmig?

5. Wodurch unterscheidet sich Stahl von Eisen?

6. Warum gefriert Wasser bei Normaltemperatur nicht plötzlich zu Eis?

7. Warum weist auch der teuerste und reinste Diamant immer noch geringe Mengen an Störstellen auf?

8. In welcher Nachbarschaft befindet sich das sichtbare Licht innerhalb des elektrochemischen Spektrums?

9. Welcher Farbanteil des sichtbaren Lichts ist besonders energiereich, welcher ist besonders energiearm?

10. Wodurch unterscheidet sich natürliche von künstlicher Radioaktivität?

Anhang

Anmerkungen

Wasser – eine chemische Verbindung

[1] Für diejenigen, die nachvollziehen möchten, wieso sich eine Quadrillion Wasserteilchen in so wenig Wasser befinden: Bei der Berechnung wird davon ausgegangen, dass Sie ein handelsübliches Trinkglas mit einer Wasserhöhe von zwei Zentimetern gefüllt haben, was ca. 30 Gramm Wasser entspricht. In 30 Gramm Wasser sind 1,66 *Mol* enthalten. (Ein Mol ist eine Einheit, die in der Chemie verwendet wird, um die meist sehr große Anzahl von Atomen in einer Probe anzugeben.) Im Falle von Wasser entspricht ein Mol 18 Gramm. In einem Mol befinden sich $6,023 \times 10^{23}$ Teilchen.

[2] In Kapitel „Warum trocknet Wäsche auch an einem bitterkalten Wintertag im Freien? – Die Entropie" werden wir erfahren, dass ein klein wenig „Unordnung" auch im Gemisch Wasser und Öl entstehen muss.

[3] Unter ‚Prinzip' wird dabei nicht im klassischen Sinne der Wortbedeutung eine nicht weiter erklärbare Grundannahme verstanden, da auch weitergehende Begründungen bekannt sind. Im vorliegenden Buch wird der Begriff ‚Prinzip' verwendet, wenn es sich um grundlegende Phänomene handelt, die im Rahmen einer Einführung in die Chemie nicht mehr weiter hinterfragt werden können.

[4] Die umgangssprachlich häufig verwendeten Begriffe ‚leicht' und ‚schwer' reichen zur Begründung des Sachverhalts Schwimmen und Sinken nicht aus, da sie nur die Masse eines Stoffes berücksichtigen, nicht aber auch das Volumen. Eine Münze kann leicht sein und sie sinkt dennoch in Wasser. Unter der Dichte eines Stoffes versteht man die Masse – hier verbirgt sich nun doch der Bezug zu ‚leicht' und ‚schwer' – vergleichbarer Volumina. Dichte ist definiert als Masse pro Volumen.

Für diejenigen, für die diese Ausführungen zu theoretisch waren: Wenn ein Kilogramm Daunenfedern auf unseren Kopf fallen, ist das für unsere Frisur ein Malheur. Ein Hammer mit dem Gewicht von einem Kilogramm auf unserem Kopf hätte dagegen üblere Folgen, denn die Masse eines Hammers ist konzentrierter, der Hammer hat eine größere Dichte.

5 Ein solches Thermometer gibt es recht preiswert für ca. fünf bis sechs Euro als Wein- oder Küchenthermometer in gut sortierten Haushaltswarengeschäften. Es ist nicht nur für dieses Experiment, sondern auch beim Kochen – insbesondere beim Zubereiten von Soßen – eine Hilfe.

6 Die Blasenbildung ist demnach noch längst kein Zeichen für 100 °C heißes Wasser! In der Regel meinen wir, unseren Tee oder Kaffee mit kochend heißem Wasser zuzubereiten, in Wirklichkeit ist das Wasser meist ein paar Celsiusgrade kühler.

7 Wasserdampf ist der gasförmige Zustand von Wasser. Für manche Leser mag das überraschend klingen, ist doch Wasserdampf, so wie er beispielsweise aus einem Kochtopf entweicht, gut sichtbar und feucht. In diesem Fall haben sich die einzelnen Wasserteile zu größeren Aggregaten zusammengelagert, und in der Tat ist dieser sichtbare Nebel noch kein gasförmiger Wasserdampf. Erst wenn die einzelnen Wassermoleküle sich dann völlig unabhängig voneinander im Raum befinden, sind sie ein Gas – eben Wasserdampf. Unsere Luft enthält in der Regel Luftfeuchtigkeit, die man bei einem geringen Prozentsatz nicht wahrnehmen kann. In diesem Fall ist Wasserdampf nur gasförmig vorhanden.

8 Nach dem Duschen spüren wir die Verdunstungskälte „hautnah", wenn die Wassertropfen verdunsten und dabei unserem Körper Wärme entziehen.

Ein Blick ins Innere der Materie ...

1 Der Elementbegriff wurde in der Antike auf die vier Elemente Feuer, Wasser, Erde, Luft sowie das fünfte Element, die „quinta essentia" (Quintessenz!), den Äther, bezogen, der als besonders rein galt, aber völlig unerforscht war.

² Die Kenntnis von Elektrizität lässt sich bis ins antike Griechenland zurückverfolgen, wo man bereits herausgefunden hatte, dass Bernstein, wenn es gerieben wurde, die Fähigkeit erhielt, Gegenstände anzuziehen. Experimentell fundiertere Erkenntnisse über Elektrizität verbinden sich z. B. mit den Namen Benjamin Franklin, der nicht nur amerikanischer Staatsmann, sondern zudem einer der ersten amerikanischen Naturwissenschaftler war (!) (1706–1790) und Alessandro Volta (1745–1827).

³ Ernest Rutherford (1871–1937) war einer der herausragenden Atom- und Experimentalphysiker. Für seine Untersuchungen zur Radioaktivität erhielt er 1908 den Nobelpreis für Chemie. Sein bekanntester Beitrag zur Atomtheorie ist das im Text beschriebene Goldfolienexperiment, mit dem er einen entscheidenden Beitrag zur Atomtheorie leistete. 1931 wurde ihm der Titel eines Barons verliehen. Ihm zu Ehren wurde 1997 das Element 104 als Rutherfordium benannt.

⁴ Bei den folgenden Ausführungen handelt es sich um ein Modell, das – wie schon beschrieben – Erklärungen für Phänomene anbietet, aber niemals Abbildungscharakter haben kann. Dieses Bohr-Sommerfeldsche Atommodell reicht heute für eine Vielzahl an Deutungsversuchen nicht mehr aus und wurde vom sogenannten Orbital-Modell abgelöst, das eine deutlich größere Tragweite hat. Im Rahmen einer ersten Einführung ist das hier vorgestellte Modell allerdings das geeignetste.

⁵ Das 111-te Atom mit der Bezeichnung Röntgenium, ein künstlich hergestelltes Element, wurde als bislang letztes Element erst 1994 entdeckt. Es ist davon auszugehen, dass mit Fortschritten in der instrumentellen Analytik und verfeinerten Messmethoden noch weitere Atome künstlich hergestellt und charakterisiert werden können, die allerdings derzeit für den Aufbau der Materie kaum von Bedeutung sind.

⁶ Döbereiner fand noch zwei weitere Gruppen von drei Elementen, die jeweils zusammenhängende Abstufungen von Eigenschaften zeigten, nämlich die Elemente Calcium, Strontium und

Barium sowie Schwefel, Selen und Tellur. Die Atomgewichte des jeweils mittleren Elements lagen in etwa zwischen den Atomgewichten der beiden anderen Elemente. Döbereiner nannte die Gruppen „Triaden".

[7] „Eka" ist ein Wort aus dem Sanskrit und bedeutet „Eins".

[8] Allerdings kann nicht oft genug wiederholt werden, dass dieses Modell keine Abbildung der Wirklichkeit darstellt, sondern lediglich eine Deutung der Naturphänomene erleichtert.

[9] Von diesem Prinzip weichen lediglich alle radioaktiven Prozesse ab, die durch Reaktionen im Atomkern (daher auch kernchemische Reaktionen genannt) initiiert werden.

[10] Hier wird nicht mehr der Begriff ‚Prinzip' verwendet, da diese Regel nur bei Verbindungen aus Atomen der zweiten Periode (das sind diejenigen Atome, die im Periodensystem die links außen mit arabisch „2" bezeichnete Zeile bilden) befolgt wird. Bei Verbindungen mit Atomen höherer Perioden existieren zahlreiche Ausnahmen.

[11] Von lat. octum = acht

[12] Erwähnenswert ist, dass die Zahl Acht in vielen Kulturen eine ganz besondere Bedeutung hat. Im Buddhismus und in der indischen Philosophie ist die Acht das Symbol für kosmische Ordnung und Weisheit. Die Pythagoreer setzten das Quadrat der Zahl Acht, die Zahl Vierundsechzig, in Beziehung zu der himmlischen Weisheit (sophia), die das Weltganze so sinnvoll angeordnet hat, oder zur Weltseele selbst. Zu nennen wären weiter die acht Seligpreisungen des Neuen Testaments und die acht Töne der gregorianischen Musik.

[13] Seit 1962 sind auch einige wenige Edelgas*verbindungen* insbesondere von Xenon mit Fluor, Sauerstoff, Stickstoff und Kohlenstoff bekannt.

Von einer „Handvoll" verschiedener Atome ...

[1] Normalbedingungen (auch STP genannt, vom englischen Begriff „Standard Temperature and Pressure") für die Angabe von Eigenschaften von Gasen sind 0 °C und 1013,25 mbar.

2 Es sind zudem noch die metallische Bindung, die Komplexbindung und zahlreiche zwischenmolekulare Bindungen bekannt, auf die an dieser Stelle noch nicht eingegangen werden soll.

3 Zudem ist Kochsalz weiß – darauf gehen wir im Kapitel über Farben ab S. 139 näher ein.

4 Manchmal auch als kovalente Bindung bezeichnet (lat. covalere = zusammen gehen).

5 Luft kann bei −190 °C verflüssigt werden, wobei durch Destillation die beiden Gase Stickstoff und Sauerstoff gewonnen werden (Linde-Verfahren), aber bei einer Temperatur von 0 °C und 1013 mbar, den sogenannten Normalbedingungen, ist Luft immer gasförmig.

6 Die Luft unserer Umgebung enthält wechselnde Mengen Wasserdampf (Luftfeuchtigkeit). Die Angabe 70 Prozent Luftfeuchtigkeit bedeutet aber nicht, dass die Luft zu diesem Zeitpunkt aus 70 Prozent Wasserdampf besteht, sondern dass 70 Prozent des maximal möglichen Wasserdampf-Sättigungsgrades erreicht werden.

7 Durch den enorm gestiegenen Verbrauch an Holz, Kohle und Benzin während der letzten 150 Jahre ist der Kohlenstoffdioxidgehalt in der Luft um etwa 0,005 Prozent angestiegen. Trotz des gering erscheinenden Anstiegs wird dadurch der sogenannte Treibhauseffekt mitverursacht: Die Wärmestrahlung der Erde kann nicht ausreichend abgegeben werden, da Kohlenstoffdioxid (und andere sogenannte Treibhausgase wie vor allem Methan und Wasserdampf) die Wärmestrahlung – ähnlich wie ein Glasdach – wieder an die Erde reflektieren. Die Folge: Anstieg der Erdtemperatur.

8 Genau genommen sind bei einer Atombindung auch die Elektronen des gemeinsamen Elektronenpaars ständig in Bewegung und mal dem einen Atom, mal dem anderen Atom etwas näher. Dadurch bilden sich kurzfristig Ladungen aus, was zwischen den Molekülen zu Anziehung und Abstoßung führt. Diese Ladungseffekte, die einen hohen Einfluss auf Schmelz- und Siedepunkte haben können, werden nach ihren Entde-

ckern auch als „Van-der-Waals-Kräfte" bzw. „London-Kräfte" bezeichnet.

[9] Linus Pauling (1901–1994) war ein herausragender Wissenschaftler, der 1954 den Nobelpreis für Chemie (nicht allein für die Einführung des Konzepts der EN-Werte, sondern grundsätzlich für seine Beiträge zur Natur der Chemischen Bindung) und 1962 den Friedensnobelpreis für seinen Einsatz gegen Atomwaffentests erhielt. Er ist damit neben Marie Curie (Nobelpreis für Physik und Chemie) der einzige, dem zwei Nobelpreise auf unterschiedlichen Gebieten verliehen wurden.

Noch einmal: Wasser! ...

[1] Tatsächlich wurden im Altertum, vor allem bei den Ägyptern und auch in der frühen Zeit der Alchemie, zwischen den Chemiekundigen Geheimsprachen zur Verständigung über chemische Prozesse verwendet, um den nicht Eingeweihten von der Kommunikation auszuschließen. Mit Beginn der modernen Naturwissenschaften bemühte man sich schon früh um allgemein verständliche, über Sprachgrenzen hinweg einheitliche Kommunikation und führte eine systematische Formelsprache ein. Ebenso entstand eine systematische Namengebung. Dennoch haben sich bis heute alte Trivialnamen durchgesetzt, so etwa der Begriff ‚Scheidewasser' für konzentrierte Salpetersäure, da sie Silber im Unterschied zu Gold lösen kann, oder ‚Salzsäure' für Chlorwasserstoffsäure. Heute wird jede neue chemische Verbindung nach einem streng definierten Verfahren bezeichnet, wobei die Chemie-Vereinigung IUPAC (Abk. für International Union of Pure and Applied Chemistry) Nomenklaturen und Terminologien entwickelt und verbindlich verbreitet. Die ISO (International Organization for Standardization) befasst sich zudem mit der Erstellung und Verbreitung eines einheitlichen internationalen Normierungssystems, ohne das in Zeiten der Globalisierung kein zuverlässiger Handel und keine eindeutige Verständigung möglich wären.

[2] Zum Üben: O_3 (Ozon) besteht aus drei Sauerstoffatomen, H_2CO_3 (Kohlensäure) besteht aus zwei Wasserstoff-, einem Kohlenstoff- und drei Sauerstoffatomen, H_2S (Schwefelwasser-

stoff, das Gas, das nach faulen Eiern riecht) besteht aus zwei Wasserstoffatomen und einem Schwefelatom.

3 Nicht nur die EN-Differenz zwischen H und O hindert das Wasserstoffelektron an einem vollständigen Übergang, zudem ist ein Wasserstoffatom mit nur einem einzigen Elektron nie bereit, dieses einzige Elektron abzugeben, da dadurch keine vollständige ‚untere Schale' resultieren würde und zudem aus Wasserstoff durch diesen Übergang das Elementarteilchen Proton entstünde. (Wir erinnern uns: ein Wasserstoffatom besteht aus einem Elektron und einem Proton.)

4 Der Grund für diese gewinkelte Struktur lässt sich mit dem hier eingeführten Bohrschen Atommodell nicht erklären. Hier sei dazu nur soviel gesagt: Die beiden sogenannten „freien" Elektronenpaare des Sauerstoffs „drücken" die bindenden Elektronenpaare zwischen Wasserstoff und Sauerstoff auf einen Winkel von 104° „zusammen".

5 Es gibt eine Vielzahl an unterschiedlichen Zuckern, z. B. Lactose, Maltose, Fructose oder Glucose, wobei Saccharose – ein aus Fructose und Glucose gebildeter Zucker – der bekannteste Vertreter ist.

6 Übrigens: Kochsalz verdankt seinen Namen nicht der Tatsache, dass es zum Kochen verwendet wird, sondern dem historischen Verfahren, mit dem es gewonnen wurde: Salzlager wurden unter Wasser gesetzt, es entstanden sogenannte Sole, also Salzlösungen, die eingekocht wurden, so dass schließlich das feste Kochsalz zurückblieb.

7 Der Tagesbedarf an Natriumchlorid liegt bei einem Menschen mit einem Gewicht von 70 kg bei nur zwei bis drei Gramm (Ausnahme: Durchfallerkrankungen oder starke körperliche Belastung, dann erhöht sich der Bedarf drastisch auf bis zu 20 Gramm). In der Regel nehmen wir durchschnittlich zwischen zehn und 12 Gramm pro Tag zu uns, weshalb Zyniker auch vom „gepökelten Menschen" sprechen.

8 Animismus: Lehre von der Beseeltheit der Natur und der Naturkräfte.

Es ist nicht alles Gold, was glänzt ...

[1] Kupferzeit: etwa seit 8000 v. Chr. Erstmals wurden Techniken der Metallverarbeitung bei Kupfer angewendet. Kupfer fand z. B. als Schmuck Verwendung. Die Bronzezeit datiert für Europa in die Zeit zwischen 3000–1000 v. Chr. Es wurden in dieser Zeit besonders häufig Gegenstände aus Bronze verwendet. Bronze ist eine Legierung aus 90 Prozent Kupfer und zehn Prozent Zinn, wobei diese Legierung erheblich härter ist als Kupfer. Die Eisenzeit begann etwa 800 v. Chr. und dauerte bis 450 v. Chr. (ältere Eisenzeit) bzw. 15 v. Chr. (jüngere Eisenzeit).

[2] Man bezeichnet die Verformbarkeit der Metalle auch als *Duktilität*.

[3] Das Elektronengasmodell, auch Drude-Lorentz-Theorie bezeichnet, wurde 1900 von Paul Drude (1863–1906) vorgestellt und 1905 von Hendrik Antoon Lorentz (1853–1928) erweitert.

[4] Gewichtsprozente geben den prozentualen Anteil des Gesamtgewichts wieder, Volumenprozent geben den prozentualen Anteil des Gesamtvolumens an.

[5] Die Dichte gibt die Masse pro Volumen an (vgl. S. 167, Anmerkung 4). Daher müssen Dichteangaben wie hier immer aus einer Größe wie Gramm oder Kilogramm und einer Volumenangabe wie Kubikzentimeter bestehen.

Entropie und Enthalpie ...

[1] Umrechnung: kJ = kcal multipliziert mit 4,1868

[2] Unser Körper kann – anders als bei Nahrungsmitteln – diese Stoffe nicht verwerten, da er sie nicht verdauen kann oder giftige Abbauprodukte entstehen könnten.

[3] Der Begriff ‚Unordnung' ist umgangssprachlich und nicht genau definiert, so dass er in wissenschaftlichen Diskussionen zur Thermodynamik vermieden wird, für diese Einführung aber durchaus tragfähig ist.

[4] Die islamische Kunst liefert zahlreiche Beispiele für Entropie – in diesem Fall vom Menschen gemacht. Sie ist aufgrund des Bilderverbots stark durch symmetrische Muster geprägt. Doch

nur aus der Ferne betrachtet scheinen diese Muster hochsymmetrisch zu sein, bei der Erstellung der Kunstwerke werden absichtlich Fehler eingebaut – um so nicht an die Vollkommenheit des Göttlichen heranzureichen. Auch jeder handgeknüpfte, aus hochsymmetrischen Mustern bestehende Teppich enthält aus diesem Grund bewusst eingebaute Knüpffehler. Die Architektur von Moscheen wirkt ebenfalls nur aus der Ferne symmetrisch. Erst ein genauer Blick lässt erkennen, dass manche Säulen einen größeren Umfang haben, dass die Anzahl der Säulen auf der einen Seite von der der anderen abweicht oder dass schlicht unterschiedliches Material zum Bau der Säulen verwendet wurde.

[5] Die Gibbssche Gleichung lautet: $\Delta G = \Delta H - T\Delta S$, wobei ΔH für die Enthalpieänderung und ΔS für die Entropieänderung steht. Josiah Willard Gibbs (1839–1903), theoretischer Physiker, war über den sehr langen Zeitraum von 1869 bis 1903 als Professor in Yale tätig.

[6] Der Name Enzym stammt vom griechischen „enzymon" und bedeutet „in Hefe enthalten"; veralteter Begriff: Ferment (lat. fermentum = Sauerteig).

Nachts sind alle Katzen grau ...

[1] Nanometer von griechisch „nanos", „Zwerg". Ein Nanometer oder 10^{-9} m entspricht dem milliardsten Teil eines Meters oder als 10^{-6} mm dem millionsten Teil eines Millimeters.

[2] Von lat. ultra = jenseits

[3] Von lat. infra = unter, unterhalb

[4] Einige Fledermausarten können beispielsweise mit ihren Augen ultraviolettes Licht wahrnehmen, das von bestimmten Blüten verstärkt reflektiert wird, so dass sie diese Blüten besser anfliegen können.

[5] Streng genommen zählen Weiß und Schwarz daher nicht zu den eigentlichen Farben, da Farbigkeit so definiert ist, dass ein Teil des Lichts absorbiert und ein anderer (sichtbarer) Teil reflektiert wird. Ein schwarzfarbiges T-Shirt gibt es also genau genommen gar nicht!

Die Chemie der Atomkerne

[1] Der Name Isotop leitet sich von griech. „iso" = „gleich" und „topos" = „Ort" ab, denn aufgrund der gleichen Protonenzahl stehen die Isotope am gleichen Ort im Periodensystem.

Glossar

Absoluter Nullpunkt: Der absolute Nullpunkt ist die niedrigste Temperatur, unter die kein Körper abgekühlt werden kann. Der absolute Nullpunkt liegt bei −273,15 °C.

Aggregatzustand: Aggregatzustände sind die Zustandsformen, in denen Materie vorkommen kann: fest, flüssig und gasförmig.

Alkalimetall: Alkalimetalle sind die metallischen Elemente der ersten Hauptgruppe im Periodensystem der Elemente. Zu ihnen gehören u. a. das Natrium und das Kalium. Die Alkalimetalle besitzen in ihrer äußeren Schale (der Valenzschale) ein Elektron. Alkalimetalle sind chemisch hochreaktive Metalle.

Anion: Ein Anion ist ein negativ geladenes Teilchen. Anionen kommen in wässrigen Lösungen von Salzen sowie in Kristallen von Salzen vor.

Assoziate: Assoziate sind Vereinigungen mehrerer gleichartiger Moleküle zu größeren Komplexen oder Molekülgruppen aufgrund von Wechselwirkungen wie z. B. Wasserstoffbrückenbindungen.

Atom: Ein Atom ist der kleinste chemisch nicht weiter zerlegbare Baustein eines Elements. Es gibt 111 verschiedene Elemente und damit auch 111 unterschiedliche Atome. Die Atome selbst bestehen aus nur drei verschiedenen Elementarteilchen: Elektronen, Protonen und Neutronen.

Atombindung: Eine Bindung zwischen zwei Atomen, die durch ein gemeinsames Elektronenpaar gebildet wird, bezeichnet man als Atombindung. Dabei steuert jedes der beiden Atome je eines der Bindungselektronen zur Bildung der Bindung bei. Die Bindungselektronen gehören also den Atomen gemeinsam an.

Bodenkörper: Ein Stoff fällt beim Auflösen als Festkörper, dem Bodenkörper, aus, wenn er von einem Lösungsmittel nicht weiter aufgenommen wird, die Lösung also gesättigt ist.

Dichte: Die Dichte gibt die Masse eines Stoffes, bezogen auf sein Volumen, an.

Dichteanomalie des Wassers. Wasser hat bei 4°C die größte Dichte. Unterhalb dieser Temperatur wird die Dichte geringer, d. h. beim Übergang von Wasser von Eis verringert sich die Dichte, daher schwimmt Eis auf dem Wasser.

Dipol: Ein Dipol ist ein Molekül mit einer unsymmetrischen Ladungsverteilung. Dipolmoleküle enthalten Atome unterschiedlicher → *Elektronegativität*, so dass die Bindungselektronen zwischen den Atomen stärker zum elektronegativeren Atom hin verschoben sind. Damit erhält das Molekül als Ganzes ein positiv polarisiertes und ein negativ polarisiertes Ende.

Duktilität: das Vermögen eines Stoffes, sich verformen zu lassen, ohne auseinander zu brechen. Kochsalzkristalle zerbrechen, wenn man mit einem Hammer auf die Kristalle schlägt. Ein Stück Eisen verändert dagegen nur seine Form.

Edukt: Ein Edukt ist ein Stoff, der als Ausgangsstoff bei einer chemischen Reaktion benötigt wird, um einen bzw. mehrere neue Stoffe zu bilden. So sind z. B. Kerzenwachs und Sauerstoff Edukte, die bei der Verbrennung zu Wasser und Kohlenstoffdioxid reagieren, die als → *Produkte* bezeichnet werden.

Elektromagnetisch: Eigenschaft, die sich durch die Wechselwirkung von elektrischen und magnetischen Feldern ergibt. So bildet sich um jeden stromdurchflossenen Leiter ein Magnetfeld aus. Umgekehrt kann durch magnetische Felder ein elektrischer Strom erzeugt werden (Kraftwerke). Bei elektromagnetischen Wellen wie Licht, UV-Strahlen oder Röntgenstrahlen wechseln elektrische und magnetische Felder einander ab.

Elektron: eines der Bauteile des Atoms. Elektronen sind Elementarteilchen, die einen Atomkern umgeben. Sie sind negativ geladen und haben eine sehr geringe Masse.

Elektronegativität: gibt die Stärke an, mit der ein Atom in einem Molekül das Bindungselektronenpaar anzieht. Atome mit hoher Elektronegativität ziehen die Bindungselektronenpaare stärker zu sich heran als Atome mit geringerer Elektronegativität.

Element: Elemente sind die chemischen Grundbausteine, aus denen sich alle anderen chemischen Stoffe zusammensetzen. Elemente lassen sich durch chemische Methoden nicht weiter zerlegen. Ein Element besteht aus Atomen, die alle die gleiche Anzahl von Protonen besitzen.

Enthalpie: Enthalpie ist der Wärmeinhalt eines Stoffes. Die Enthalpieänderung eines Stoffes gibt die Wärmemenge an, die ihm zugeführt oder entnommen werden kann, wenn er sich frei expandieren oder komprimieren kann, d. h. wenn der Druck sich nicht ändert.

Entropie: Die Entropie ist ein Maß für die Unordnung eines Systems. Der Physiker Ludwig-Boltzmann fand eine Formel zur Berechnung der Entropie S.

Enzym: Enzyme sind Bio-Katalysatoren, die in der belebten Natur Stoffumwandlungen, also chemische Reaktionen in lebenden Organismen, beschleunigen. Enzyme bestehen aus → *Proteinen*. Auch Enzyme treten, wie alle anderen Katalysatoren, nach der chemischen Reaktion unverändert wieder hervor.

Erdalkalimetalle: Erdalkalimetalle sind die Elemente in der zweiten Hauptgruppe im Periodensystem der Elemente. Sie besitzen zwei Elektronen in der Valenzschale und sind reaktive Metalle. Bekannte Erdalkalimetalle sind das Magnesium und das Calcium.

Fehlordnungen: Abweichungen von der strengen Anordnung der Gitterbausteine in einem Kristall. Fehlordnungen kommen auf vielfältige Weise zustande; z. B. können einige Gitterplätze einfach unbesetzt bleiben.

Freiheitsgrad: Anzahl der voneinander unabhängigen Bewegungen, die ein Körper im Raum gegenüber einem festen Koordinatensystem ausführen kann. Ein im Raum frei beweglicher Körper kann seine Position in drei Richtungen verändern. Seine Orientierung kann ebenfalls um drei Winkel verändert werden. Er hat also sechs Freiheitsgrade.

g/mol: g/mol ist die Einheit der molaren Masse; d. h. die Masse eines → *Mol* einer Teilchenart, angegeben in Gramm.

Gemisch: Ein Gemisch setzt sich aus mehreren Substanzen in unterschiedlichen Mengen zusammen, wobei die einzelnen Komponenten nicht chemisch miteinander reagieren. Luft ist ein Gemisch aus Stickstoff, Sauerstoff und weiteren Komponenten. Ein Gemisch lässt sich mit physikalischen Methoden wie etwa Filtrieren oder Destillieren auftrennen.

Halbmetall: Halbmetalle sind Elemente, die sowohl Eigenschaften von Metallen als auch von nichtmetallischen Elementen aufweisen. Halbmetalle kommen in verschiedenen Strukturen vor, von denen einige typische metallische Eigenschaften zeigen. Diese Elemente treten im Periodensystem zwischen den Metallen und den Nichtmetallen auf.

Halbwertszeit: Bei einem Kernzerfall ist die Halbwertszeit die Zeit, die vergeht, bis die zu Beginn vorhandenen radioaktiven Kerne zur Hälfte zerfallen sind. Bei chemischen Reaktionen gibt die Halbwertszeit die Zeit an, die vergeht, bis die Konzentration eines Stoffes auf die Hälfte der Anfangs-konzentration gesunken ist.

Hydrathülle: Eine Hydrathülle entsteht bei der Anlagerung von Wasser-Molekülen um ein → *Kation* oder → *Anion* beim Auflösen eines Salzes in Wasser.

Ionenbindung: Eine Ionenbindung entsteht, wenn die Bindungselektronen vollständig von einem Atom auf ein anderes übertragen werden. Dabei entstehen positiv und negativ geladene Ionen, die sich aufgrund ihrer entgegengesetzten elektrischen Ladungen anziehen und ein Ionengitter ausbilden.

Isotope: Isotope sind Atome, die die gleiche Anzahl von → *Protonen*, aber eine unterschiedliche Anzahl von → *Neutronen* im Atomkern aufweisen. Atome desselben Elements können demnach eine unterschiedliche Anzahl von Neutronen besitzen. So gibt es drei Isotope des Wasserstoffs: Der normale Wasserstoff (H) ist das häufigste Isotop und enthält nur ein Proton im Atomkern. Deuterium (D), ein weiteres Isotop des Wasserstoffs, enthält im Atomkern neben dem Proton zusätzlich ein Neutron. Tritium (T) schließlich weist im Atomkern ein Proton und zwei Neutronen auf.

Kation: Ein Kation ist ein positiv geladenes Teilchen. Kationen findet man wie → *Anionen* in wässrigen Lösungen von Salzen sowie in Kristallen von Salzen.

Kritische Masse: Mindestmasse eines spaltbaren Elements, um die Kettenreaktion der Kernspaltung aufrechtzuerhalten.

Ladung: Stärke der elektromagnetischen Wechselwirkung zwischen zwei elektrisch geladenen Teilchen. Elektrisch geladene Teilchen können sich anziehen oder abstoßen, da die Teilchen positive oder negative elektrische Ladungen tragen können.

Leitungsband: Das Leitungsband ist im Energiebänder-Modell eine energetisch höher gelegene Zone, die keine Elektronen enthält. Elektronen können aber aus dem → *Valenzband* in das Leitungsband gelangen und sind dort für die elektrische Leitfähigkeit verantwortlich.

Mol: Das Mol (Stoffmenge) ist die Anzahl von Teilchen, die in 12,000 g des Isotops ^{12}C enthalten sind. 1 mol entspricht $6,022 \cdot 10^{23}$ Teilchen. In einem Mol irgendeiner Teilchenart wie Moleküle, Atome, Ionen usw. sind also $6,022 \cdot 10^{23}$ Teilchen enthalten.

Molekül: Moleküle sind die kleinsten Bausteine chemischer Verbindungen. Moleküle einer chemischen Verbindung setzen sich wiederum aus den einzelnen → *Atomen* in einem bestimmten Mengenverhältnis und Anordnung zusammen. Wasser ist ein Molekül bestehend aus Sauerstoff- und Wasserstoffatomen: H_2O.

Neutron: Ein Neutron ist einer der beiden Bausteine des Atomkerns. Neutronen sind elektrisch neutral und halten die Protonen im Atomkern zusammen.

Oberflächenspannung: Kraft, die zur Vergrößerung der Oberfläche einer Flüssigkeit erforderlich ist. Teilchen einer polaren Flüssigkeit richten eine Kraft ins Flüssigkeitsinnere aus, was bei den an der Oberfläche befindlichen Teilchen zu einer sogenannten „Spannung" führt, weil sich die Oberfläche dabei ein wenig wölben muss, wie wir bei einem randvoll gefüllten Glas Wasser gut beobachten können. Wenn die Oberfläche der Flüssigkeit vergrößert werden soll, muss diese nach innen gerichtete Kraft überwunden werden.

Produkt: Ein Produkt ist ein Stoff, der bei einer chemischen Reaktion aus den → *Edukten*, also den Ausgangsstoffen, gebildet wird.

Proteine: Proteine (Eiweißstoffe) sind Makromoleküle in lebenden Organismen, deren Bausteine die Aminosäuren sind. Proteine haben in der belebten Natur vielfältige Funktionen. Neben ihrer Wirkung als → *Enzyme*, die biologische Reaktionen katalysieren, wirken sie auch als Strukturproteine, die z. B. Haare und Muskeln aufbauen, als Transportproteine, die Sauerstoff im Blut transportieren oder auch als Antikörper bei der Infektionsabwehr.

Proton: Ein Proton ist einer der beiden Bausteine des Atomkerns. Ein Proton trägt eine positive elektrische Ladung. Die Anzahl der Protonen in einem Atomkern bestimmt, um welches Element es sich bei einem Atom handelt. Die Ordnungszahl im Periodensystem der Elemente wird durch die Anzahl der Protonen bestimmt.

Sättigungsgrad: Der Sättigungsgrad gibt das Verhältnis der gerade vorliegenden Konzentration eines gelösten Stoffes im Verhältnis zur maximalen Konzentration dieses Stoffes in einer Lösung an.

Spezifische Wärmekapazität: Wärmemenge, die ein Stoff aufnimmt, um seine Temperatur um 1 K (bzw. 1°C) zu erhöhen, bezogen auf eine bestimmte Masseneinheit des Stoffes, meist ein Gramm. Die spezifische Wärmekapazität wird angegeben in $J \cdot K^{-1} \cdot g^{-1}$.

Stoff: Substanz oder Materie. Im Gegensatz zur Energie haben Stoffe ein Volumen und eine wägbare Masse.

Stoffumwandlung: In chemischen Reaktionen wandeln sich chemische Substanzen in andere chemische Substanzen mit unterschiedlichen chemischen und physikalischen Eigenschaften um.

Subatomar: kleiner als ein Atom. Subatomare Teilchen sind

u.a. Elektronen, Neutronen und Protonen (die Elementarteilchen, die ein Atom zusammensetzen).

u (unit): u ist die sogenannte atomare Masseneinheit, sie
gibt die Masse von Teilchen wie Atomen, Molekülen und
Ionen an. 1u ist definiert als der zwölfte Teil der Masse eines
^{12}C-Atomkerns und entspricht $1,66056 \cdot 110^{-24}$ kg.

Valenzband: Im Energiebänder-Modell stellt das Valenzband
eine energetisch niedrige Zone dar. Es ist mit Elektronen besetzt, die die chemische Bindung in Kristallen und die metallische Bindung in Metallen erzeugen.

Verbotene Zone: Die Verbotene Zone trennt im Energiebänder-Modell das Valenzband vom Leitungsband. In Nichtleitern
ist die Verbotene Zone so groß, das aus dem → *Valenzband*
keine Elektronen in das Leitungsband gelangen. In Halbleitern
ist die Verbotene Zone dagegen sehr klein, und Elektronen
können aufgrund ihrer thermischen Bewegung die Verbotene Zone überwinden und in das → Leitungsband eintreten.
In Metallen schließlich überschneiden sich das Valenz- und
das Leitungsband, es gibt hier also keine Verbotene Zone.
Der dadurch ermöglichte einfache Elektronenübergang erklärt die gute elektrische Leitfähigkeit der Metalle.

Verdunstungskälte: Beim Verdampfen einer Flüssigkeit wird
dieser Wärme entzogen. Die Flüssigkeit kühlt sich beim Verdampfen ab, deshalb spricht man auch von Verdunstungskälte.

Wasserstoffbrückenbindung: Wasserstoffbrückenbindungen
sind Bindungen, die zwischen stark elektronegativen Atomen
wie Sauerstoff (O), Stickstoff (N) oder Fluor (F) einerseits und
Wasserstoff (H) andererseits gebildet werden. Diese Bindungen sind besonders stark, wirken zwischen verschiedenen
Molekülen und halten diese fester zusammen als chemische

Verbindungen ohne Wasserstoffbrückenbindungen. Verbindungen mit Wasserstoffbrückenbindungen haben deshalb höhere Siedepunkte als solche ohne Wasserstoffbrückenbindungen.

Elementsymbole und Elementnamen

Ordnungszahl	Symbol	Name	Masse
89	Ac	Actinium	(227)
47	Ag	Silber	107.870
13	Al	Aluminium	26.98
95	Am	Americium	(243)
18	Ar	Argon	39.948
33	As	Arsen	74.92
85	At	Astat	(210)
79	Au	Gold	196.97
5	B	Bor	10.81
56	Ba	Barium	137.36
4	Be	Beryllium	9.012
83	Bi	Wismut	208.98
97	Bk	Berkelium	(249)
35	Br	Brom	79.909
6	C	Kohlenstoff	12.001
20	Ca	Calcium	40.08
48	Cd	Cadmium	112.40
58	Ce	Cer	140.12
98	Cf	Californium	(251)
17	Cl	Chlor	35.435
96	Cm	Curium	(247)
27	Co	Kobalt	58.93
24	Cr	Chrom	52.00
55	Cs	Cäsium	132.91
29	Cu	Kupfer	63.54

Ordnungszahl	Symbol	Name	Masse
66	Dy	Dysprosium	162.50
68	Er	Erbium	167.26
99	Es	Einsteinium	(254)
63	Eu	Europium	151.96
9	F	Fluor	19.00
26	Fe	Eisen	55.85
100	Fm	Fermium	(253)
87	Fr	Francium	(223)
31	Ga	Gallium	69.72
64	Gd	Gadolinium	157.25
32	Ge	Germanium	72.59
1	H	Wasserstoff	1.0080
2	He	Helium	4.003
72	Hf	Hafnium	178.49
80	Hg	Quecksilber	200.59
67	Ho	Holmium	164.93
53	I	Iod	126.90
49	In	Indium	114.82
77	Ir	Iridium	192.2
19	K	Kalium	39.102
36	Kr	Krypton	83.80
57	La	Lanthan	138.91
3	Li	Lithium	6.939
71	Lu	Lutetium	174.97
103	Lr	Lawrencium	(257)

Ordnungszahl	Symbol	Name	Masse
101	Md	Mendelevium	(256)
12	Mg	Magnesium	24.312
25	Mn	Mangan	54.94
42	Mo	Molybdän	95.94
7	N	Stickstoff	14.007
11	Na	Natrium	22.9898
41	Nb	Niob	92.91
60	Nd	Neodym	144.24
10	Ne	Neon	20.183
28	Ni	Nickel	58.71
102	No	Nobelium	(253)
93	Np	Neptunium	(237)
8	O	Sauerstoff	15.9994
76	Os	Osmium	190.2
15	P	Phosphor	30.974
91	Pa	Protactinium	(231)
82	Pb	Blei	207.19
46	Pd	Palladium	106.4
61	Pm	Promethium	(147)
84	Po	Polonium	(210)
59	Pr	Praseodym	140.91
78	Pt	Platin	195.09
94	Pu	Plutonium	(242)
88	Ra	Radium	(226)
37	Rb	Rubidium	85.47
75	Re	Rhenium	186.23
45	Rh	Rhodium	102.91

Ordnungszahl	Symbol	Name	Masse
86	Rn	Radon	(222)
44	Ru	Ruthenium	101.1
16	S	Schwefel	32.064
51	Sb	Antimon	121.75
21	Sc	Scandium	44.96
34	Se	Selen	78.96
14	Si	Silicium	28.09
62	Sm	Samarium	150.35
50	Sn	Zinn	118.69
38	Sr	Strontium	87.62
73	Ta	Tantal	180.95
65	Tb	Terbium	158.92
43	Tc	Technetium	(99)
52	Te	Tellur	127.60
90	Th	Thorium	(232.04)
22	Ti	Titan	47.90
81	Tl	Thallium	204.37
69	Tm	Thulium	168.93
92	U	Uran	(238.03)
23	V	Vanadin	50.94
74	W	Wolfram	183.85
54	Xe	Xenon	131.30
39	Y	Yttrium	88.91
70	Yb	Ytterbium	173.04
30	Zn	Zink	65.37
40	Zr	Zirkon	91.22

Antworten zu „Zu guter Letzt: Was blieb hängen?"

1. *In der griechischen Antike bezeichnete man mit dem Begriff Atom das Unteilbare. Ist das Atom tatsächlich die kleinste Einheit?*
Nein. Im Atom sind die sogenannten Elementarteilchen enthalten, von denen die Elektronen, Neutronen und Protonen seit Anfang des 20. Jahrhunderts nachgewiesen werden konnten. In den Kapiteln „Der Weg zur Entdeckung der Elementarteilchen" sowie „Die Entdeckung weiterer Elementarteilchen" wird dieses Thema genauer behandelt.

2. *Welche Produkte entstehen neben Wärme und Licht bei einer brennenden Kerze?*
Kohlenstoffdioxid und Wasser.
Das Kapitel „Kerzen sind romantisch – und der ideale Einstieg in die Welt der Chemie" geht ausführlich auf die Hintergründe der chemischen Reaktion ein.

3. *Warum sind Metalle im Unterschied zu Ionen-Kristallen so leicht verformbar, ohne dass sie zerspringen?*
Metallatome sind im Unterschied zu den Kationen und Anionen der Salze nicht geladen. Kommen sie durch Druck in neue Positionen, erfolgen dadurch keine Abstoßungseffekte wie bei den Salzen, bei denen sich gleich geladene Ionen sofort abstoßen.
In Kapitel „Was Metalle im Inneren zusammenhält" werden die Hintergründe für die Verformbarkeit beschrieben.

4. *Warum ist Wasser unter Normalbedingungen nicht gasförmig?*
Wasserstoffbrückenbindungen führen zu einem größeren Zusammenschluss der einzelnen Wassermoleküle, wobei diese näher zusammenrücken.

„Brücken *im* Wasser? Die Wasserstoffbrückenbindung" geht auf dieses wichtige Phänomen genau ein.

5. *Wodurch unterscheidet sich Stahl von Eisen?*
In den Lücken zwischen den einzelnen Eisenatomen lagern sich Kohlenstoffatome ein (Einlagerungsverbindungen). Darüber hinaus können bestimmte Prozentanteile der Eisenatome durch andere Metallatome – etwa Chrom, Nickel oder Mangan – ersetzt werden.
Das Kapitel „Legierungen" geht auf die unterschiedlichen Stahllegierungen ein.

6. *Warum gefriert Wasser bei Normaltemperatur nicht plötzlich zu Eis?*
Es wird nach Möglichkeit ein Zustand mit hoher Entropie, also großer Bewegungsmöglichkeit bzw. Unordnung angestrebt. Die Entropie ist im festen Aggregatzustand niedriger als im flüssigen und daher nicht bevorzugt.
Das Kapitel „Warum trocknet Wäsche auch an einem bitterkalten Wintertag im Freien? – Die Entropie" geht auf das Phänomen des Bestrebens nach Unordnung ein.

7. *Warum weist auch der teuerste und reinste Diamant immer noch geringe Mengen an Störstellen auf?*
Hochgeordnete Kristalle haben eine sehr niedrige Entropie. Entsprechend dem Prinzip, möglichst hohe Entropie zu erreichen, sind in jedem Kristall Störstellen enthalten, um die Unordnung zu vergrößern. Das gilt nicht nur bei normalen Temperaturen, sondern auch bei Temperaturen um den absoluten Gefrierpunkt bei $-273\,°C$.
Das Kapitel „Auch in Kristallen gibt es Unordnung!" geht auf das Phänomen der Störstellen in Kristallen ein.

8. *In welcher Nachbarschaft befindet sich das sichtbare Licht innerhalb des elektromagnetischen Spektrums?*
Zwischen der ultravioletten (UV) Strahlung (energiereicher

und kurzwelliger als das sichtbare Licht) und der infraroten (IR) Strahlung (energieärmer und langwelliger als das sichtbare Licht).

Das Kapitel „Licht als elektromagnetische Welle" stellt das gesamte Spektrum an elektromagnetischen Wellen vor und ordnet das sichtbare Licht darin ein.

9. *Welcher Farbanteil des sichtbaren Lichts ist besonders energiereich, welcher ist besonders energiearm?*

Der rote Anteil des sichtbaren Lichts ist der energieärmste und langwelligste, der violette Anteil des Lichts ist der energiereichste und kurzwelligste.

Das Kapitel „Licht als elektromagnetische Welle" geht auf die unterschiedlichen Wellenlängen der Anteile des sichtbaren Lichts und die damit verbundenen Energieunterschiede ein.

10. *Wodurch unterscheidet sich natürliche von künstlicher Radioaktivität?*

Bei der natürlichen Radioaktivität wandelt sich ein instabiler Atomkern durch Aussendung von radioaktiver α-, β- oder γ-Strahlung in leichtere, möglicherweise wiederum instabile oder aber auch stabile Atomkerne um oder spaltet sich in zwei oder mehrere Atomkerne unter Aussendung von Neutronen. Auch die Kernfusion zählt zu den natürlichen kernchemischen Reaktionen, wie sie im Kosmos vorkommt. Bei der künstlichen Radioaktivität werden Kerne mit hochenergetischen Teilchen beschossen, so dass diese dann instabil und radioaktiv werden.

Im Kapitel „Die Chemie der Atomkerne" wird auf diese Unterscheidung näher eingegangen.

Weiterführende Literatur

Die Lektüre hat es Ihnen – so hoffe ich – ermöglicht, (wieder) einen Einstieg in naturwissenschaftliche Zusammenhänge zu finden und Sie vielleicht sogar neugierig auf mehr gemacht. Natürlich kann in einem so kleinen Buch nicht die gesamte Chemie bis hin zu aktuellen Forschungsergebnissen behandelt werden. Wenn Sie Ihre Kenntnisse vertiefen möchten, brauchen Sie weiterführende Literatur.

Zur Zeit ist der Büchermarkt geradezu mit Literatur zum Selbststudium für Chemie überschwemmt. Sicherlich ist bei dem breiten Angebot für jeden Interessierten etwas dabei – aber manche Bücher sind so gut, dass sie hier zum Weiterlesen ausdrücklich empfohlen werden sollen. Sie sind verständlich und gut geschrieben und das Preis-Leistungs-Verhältnis stimmt.

Wawra, E. / Dolznig, H. / Müllner, E.: Chemie erleben. UTB, Stuttgart 2003

Wawra, E. / Dolznig, H. / Müllner, E.: Chemie verstehen. Allgemeine Chemie für Mediziner und Naturwissenschaftler. UTB, Stuttgart 2005

Arni, Arnold: Verständliche Chemie. Für Basisunterricht und Selbststudium. Wiley-VCH, Weinheim 2003

Ernst, C. / Puhlfürst, C. / Schönherr, M.: Duden. Basiswissen Schule. Chemie. Bibliographisches Institut, Mannheim 2001

Empfehlenswerte Internetadressen:
http://www.seilnacht.com/
http://dc2.uni-bielefeld.de/

Dank

An diesem Buch haben viele Menschen mitgewirkt, denen ich für ihre Unterstützung danke.

Vor allem im Arbeitskreis Didaktik der Chemie an der Universität Bielefeld waren viele im Einsatz, denen ich hier in alphabetischer Reihenfolge danken möchte: Gudrun Bülter hat mit viel Geduld und mit Liebe fürs Detail einen großen Teil der Abbildungen angefertigt, Jörg Müller hat das Glossar verfasst und manche thermodynamische Umrechung vorgenommen, Björn Risch hat mit chemischem Sachverstand die Endredaktion übernommen und darauf geachtet, dass sich die erforderlichen didaktischen Vereinfachungen nicht allzu sehr von der Fachwissenschaft Chemie entfernen, Sonja Schekatz hat die mathematischen Berechnungen durchgeführt und Malte Schmidt den Text auf Verständlichkeit und sachliche Richtigkeit überprüft. Dr. Hendrik Förster, der inzwischen an einem Gymnasium in Wesseling tätig ist, hat die physiko-chemischen Zusammenhänge kritisch gesichtet. Die Schlussredaktion hat Anke Seidel übernommen.

Auch bei meinen Studierenden von der Bildungswissenschaftlichen Fakultät der Universität in Brixen – insbesondere bei Stefanie Gamper – möchte ich mich für die zahlreichen Anregungen bedanken.

Ganz besonders danke ich Frau Judith Mark, die die Entstehung des Buchprojekts bei Herder unterstützt und begleitet hat.

Meine Schwester Ursula hat buchstäblich jede Zeile kritisch darauf überprüft, ob sie auch für den chemischen Laien verständlich ist und auf Alltagsbeispielen bestanden, wenn die Theorie mal wieder zu sehr in den Vordergrund rückte. Ihr widme ich dieses Buch.

Periodensystem der Elemente

Periode	Ia	IIa	IIIb	IVb	Vb	VIb	VIIb	VIIIb	VIIIb	VIIIb	Ib	IIb	IIIa	IVa	Va	VIa	VIIa	VIIIa
1	1,0079 **H** 1 Wasserstoff																	4,002602 **He** 2 Helium
2	6,941 **Li** 3 Lithium	9,0112 **Be** 4 Beryllium											10,811 **B** 5 Bor	12,011 **C** 6 Kohlenstoff	14,007 **N** 7 Stickstoff	15,999 **O** 8 Sauerstoff	18,998 **F** 9 Fluor	20,1797 **Ne** 10 Neon
3	22,99 **Na** 11 Natrium	24,305 **Mg** 12 Magnesium											26,982 **Al** 13 Aluminium	28,086 **Si** 14 Silicium	30,974 **P** 15 Phosphor	32,066 **S** 16 Schwefel	35,453 **Cl** 17 Chlor	39,948 **Ar** 18 Argon
4	39,098 **K** 19 Kalium	40,078 **Ca** 20 Calcium	44,956 **Sc** 21 Scandium	47,88 **Ti** 22 Titan	50,942 **V** 23 Vanadium	51,996 **Cr** 24 Chrom	54,938 **Mn** 25 Mangan	55,845 **Fe** 26 Eisen	58,933 **Co** 27 Cobalt	58,693 **Ni** 28 Nickel	63,546 **Cu** 29 Kupfer	65,39 **Zn** 30 Zink	69,723 **Ga** 31 Gallium	72,61 **Ge** 32 Germanium	74,922 **As** 33 Arsen	78,96 **Se** 34 Selen	79,904 **Br** 35 Brom	83,8 **Kr** 36 Krypton
5	85,468 **Rb** 37 Rubidium	87,62 **Sr** 38 Strontium	88,906 **Y** 39 Yttrium	91,224 **Zr** 40 Zirconium	92,90638 **Nb** 41 Niob	95,94 **Mo** 42 Molybdän	98,906 **Tc** 43 Technetium	101,07 **Ru** 44 Ruthenium	102,91 **Rh** 45 Rhodium	106,42 **Pd** 46 Palladium	107,87 **Ag** 47 Silber	112,41 **Cd** 48 Cadmium	114,82 **In** 49 Indium	118,71 **Sn** 50 Zinn	121,75 **Sb** 51 Antimon	127,6 **Te** 52 Tellur	126,9 **I** 53 Iod	131,293 **Xe** 54 Xenon
6	132,91 **Cs** 55 Cäsium	137,33 **Ba** 56 Barium	57-71 Lanthanide	178,49 **Hf** 72 Hafnium	180,95 **Ta** 73 Tantal	183,84 **W** 74 Wolfram	186,21 **Re** 75 Rhenium	190,23 **Os** 76 Osmium	192,22 **Ir** 77 Iridium	195,078 **Pt** 78 Platin	196,97 **Au** 79 Gold	200,59 **Hg** 80 Quecksilber	204,38 **Tl** 81 Thallium	207,2 **Pb** 82 Blei	208,98 **Bi** 83 Bismut	209,98 **Po** 84 Polonium	209,99 **At** 85 Astat	222,02 **Rn** 86 Radon
7	223,02 **Fr** 87 Francium	226,03 **Ra** 88 Radium	89-103 Actinide	261,11 **Rf**** 104 Rutherfordium	262,11 **Db**** 105 Dubnium	266,12 **Sg**** 106 Seaborgium	264,12 **Bh**** 107 Bohrium	269,13 **Hs**** 108 Hassium	268,14 **Mt**** 109 Meitnerium	271,15 **Ds**** 110 Darmstadtium	272,15 **Uuu**** 111 Unununium	277 **Uub**** 112 Ununbium						

Lanthanide:

138,91 **La*** 57 Lanthan	140,12 **Ce** 58 Cer	140,91 **Pr** 59 Praseodym	144,24 **Nd** 60 Neodym	146,92 **Pm** 61 Promethium	150,36 **Sm** 62 Samarium	151,96 **Eu** 63 Europium	157,25 **Gd** 64 Gadolinium	158,93 **Tb** 65 Terbium	162,5 **Dy** 66 Dysprosium	164,93 **Ho** 67 Holmium	167,26 **Er** 68 Erbium	168,93 **Tm** 69 Thulium	173,04 **Yb** 70 Ytterbium	174,97 **Lu** 71 Lutetium

Actinide:

227,03 **Ac*** 89 Actinium	232,04 **Th*** 90 Thorium	231,04 **Pa*** 91 Protactinium	238,03 **U*** 92 Uran	237,05 **Np*** 93 Neptunium	244,06 **Pu*** 94 Plutonium	243,06 **Am**** 95 Americium	247,07 **Cm**** 96 Curium	247,07 **Bk**** 97 Berkelium	251,08 **Cf**** 98 Californium	252,08 **Es**** 99 Einsteinium	257,18 **Fm**** 100 Fermium	258,1 **Md**** 101 Mendelevium	259,1 **No**** 102 Nobelium	262,11 **Lr**** 103 Lawrencium